北京师范大学珠海分校学术文库

无线嵌入式互联网

Wireless Embedded Internet

杨博雄　著

U0250462

WUHAN UNIVERSITY PRESS
武汉大学出版社

图书在版编目(CIP)数据

无线嵌入式互联网/杨博雄著. —武汉：武汉大学出版社,2015.6
 ISBN 978-7-307-15494-0

Ⅰ.无…　Ⅱ.杨…　Ⅲ.互联网络　Ⅳ.TP393.4

中国版本图书馆 CIP 数据核字(2015)第 066605 号

责任编辑:鲍　玲　　　责任校对:李孟潇　　　版式设计:马　佳

出版发行:**武汉大学出版社**　　(430072　武昌　珞珈山)
　　　　(电子邮件:cbs22@whu.edu.cn　网址:www.wdp.com.cn)
印刷:武汉中远印务有限公司
开本:720×1000　1/16　印张:12.5　字数:178 千字
版次:2015 年 6 月第 1 版　　2015 年 6 月第 1 次印刷
ISBN 978-7-307-15494-0　　定价:29.00 元

前　言

在互联网、移动互联网以及云计算、物联网、车联网等新兴技术快速发展的背景下，支持嵌入式设备近距离直接通信的无线互联技术也处于一个迅速发展时期，这些无线互联技术包括传统的ZigBee、Bluetooth、Wi-Fi、RFID 以及新近出现的 6LoWPAN、Wi-Fi Direct、Bluetooth Smart、NFC 等，每一项技术都具有各自不同的特点，没有一种技术能够满足现阶段所有的应用需求。这些无线互联技术具有低成本、低功耗、微型化等共同特点，广泛应用于消费电子、工业电子、医疗电子、汽车电子等相关产品的应用领域。

在嵌入式系统应用市场高速成长的过程中，嵌入式应用系统对无线互联技术有了越来越多的需求，各种无线通信技术也正以越来越快的速度融入嵌入式系统设计中。如在新一代汽车电子娱乐系统的嵌入式应用中，也采用无线技术来实现各种音频、视频以及数据流的无线高速传输。在工业控制中，大量的嵌入式控制设备也开始实现无线互联，实现机器到机器 M2M(Machine to Machine)的通信。嵌入式系统与无线互联技术密不可分，相互结合构成一个具备感知、计算和通信功能的智能部件。随着越来越多的嵌入式应用，例如，车载信息娱乐、家庭自动化、远程医疗系统、数字标牌、IP摄像头、网络 POS 等加入到互联网应用中，嵌入式产业正朝着智慧化、泛在化、个性化的无线互联网方向发展。

当前，移动通信和 Internet 技术迅速发展并且相互渗透，各种功能强大的便携式终端不断涌现，使人们对移动 IP 技术的需求也日益增强。本书对无线嵌入式互联网工作节点的移动和路由问题也进行了研究和探讨。移动 IP 技术是由国际互联网工程任务组 IETF制定的用于解决移动主机在移动过程中不中断通信的情况下接入网络的一种技术。随着 IP 网络的迅速发展，很多无线嵌入式设备不再局限于单一的、固定的因特网接入方式，而是希望能够提供灵活的上网方式。无线互联网的发展要求 IP 网络能够提供对移动性的良好支持。个人通信时代的到来，要求使用者在任何地方都可以利用自己的一个专有地址上网。在未来的 IPv6 网络中，网络节点的概念不仅局限在传统的主机，还包括各种智能设备，加上 IPv6 对移动 IP 的良好支持，移动 IP 将可为无线嵌入式网络中的移动节点提供解决方法。

　　互联网的成功使得 TCP/IP 协议已成为全球网络通信的标准。由于以前许多标准化组织和研究者认为互联网中的 TCP/IP 协议过于复杂，对内存和带宽要求较高，要降低它的运行环境要求以适应只有少量内存空间和有限计算能力的嵌入式设备，这是很困难的。因此，包括 ZigBee、Bluetooth 等无线网络都是采用非 IP 技术，形成了不同于互联网的无线个域网 WPAN。而为了能够连接互联网并通过因特网进行信息传递，这些无线嵌入式系统必须要实现一个完整的 TCP/IP 协议栈。为了在这些资源受限的无线嵌入式网络设备中采用复杂的 IP 技术，可以适当根据这些无线嵌入式网络的特点进行改进和优化，同时，对 IP 协议进行瘦身处理和轻量化处理，使其既能适应原有系统，又能满足直接连入因特网的需求。由国际互联网工程组 IETF 发布的 6LoWPAN 草案标准就是其中非常有代表性的一个应用标准。6LoWPAN 取得的突破是得到一种非常紧凑、高效的 IP 实现，消除以前由于采用各种专门标准和专有协议而造成无法互联互通的问题，这在工业协议如 BACNet、LonWorks、Modbus 等领域具有特别的价值。

　　TCP/IP 协议簇中应用层的协议有很多，最典型的应用协议如用于网页传输的 HTTP 协议、用于文件传输的 FTP 协议等，这些对于具有超强处理功能的计算机而言实现起来比较简单，但是对于很多嵌入式系统特别是低功耗的无线嵌入式应用系统而言，处理起来就比较复杂。因此，如果要在无线嵌入式互联网中实现各种应用，如语义表达、数据交换等，就需要在现有的各种应用协议中进行改进或优化，使其适应在无线嵌入式互联网中的应用。本书对 CoAP、

UPnP 等紧凑简单的应用协议进行了介绍，同时对轻便 Web 服务器以及简单 Web 应用也进行了介绍。

当前有很多嵌入操作系统，如 Linux、eCos、RTOS、QNX、Win CE、Palm OS、VxWorks 以及 Android、iOS、Windows Mobile 等智能手机或者平板电脑等所使用的操作系统。这些操作系统中有基于微内核架构的嵌入式操作系统，也有基于单体内核架构的操作系统，以及一些经过优化后的嵌入式操作系统。由于这些操作系统主要面向嵌入式领域相对复杂的应用，其功能也比较复杂，系统代码尺寸相对较大，对嵌入式设备的硬件要求比较高。但是对于无线嵌入式网络，由于节点功能单一、资源有限、处理速度也较慢，因此，往往采用特殊的操作系统，如 Contiki、TinyOS、MantisOS、SOS 等。这些操作系统功能简单、效率高，往往适用于无线传感网络这种应用领域。本书着重对这些低功耗无线嵌入式操作系统进行介绍。

在各类无线嵌入式应用系统及其与互联网互联的开发和设计中，需要借助一些开发环境和开发平台，这样可以加快嵌入式开发的效率，从而缩短应用开发的时间，降低开发的成本，同时还有利于嵌入式应用系统的扩展。本书以无线传感网络系统和楼宇自动控制系统两个应用为例，介绍了无线嵌入式应用系统开发过程中的基本规范和实现手段，特别是在与 IPv6 网互联设计中的方法和思路进行了详细介绍。

杨博雄

2015. 1. 8

目　　录

第1章 绪 论

互联网在经历过以"大型主机"、"服务器和 PC 机"、"手机和移动互联网终端"为载体的 3 个发展阶段后，将逐步迈向以嵌入式设备为载体的第 4 阶段，即"嵌入式互联网"和以无线方式互联的"无线嵌入式互联网"。嵌入式系统已经大量应用于各种场所，网络技术的发展使得嵌入式系统的网络功能日益强大和完善。在这个即将到来的第 4 阶段中，嵌入式设备和应用将真正让互联网无时不在和无处不在，人们不论是在工作、学习、娱乐或者休息的时候，都能随时随地地以无线方式与互联网保持连接。本章将对互联网领域中新出现的移动互联网、嵌入式互联网、无线嵌入式互联网等热点话题及其相关技术进行研究与探讨，并对该技术的最新应用领域和形式进行详细介绍。

1.1 发展概况

在以互联网(Internet)为代表的互联网技术应用日益普及，信息共享程度不断提高的今天，人们的生活、工作、学习、交往、购物等已经有了革命性的改变，互联网正在将全球各地的人、信息、事件联系在一起，并重新界定了我们的工作和生活。我们即将步入互联网发展的下一个阶段，这是一个将上百亿乃至上千亿和上万亿的智能嵌入式设备与更大的计算系统以及其他设备互相连接的网络空间，它们将不通过人工的介入而直接进行交互通信。

随着物联网概念的提出，各种嵌入式设备，如各种应用环境的传感设备、工业控制设备、汽车电子设备、医疗监控设备、家电设备等连上 Internet 将是未来发展的必然趋势，这些设备广泛采用各

1

种单片机、微控制器或微处理器等组成嵌入式方式进行工作，大部分还处于单独应用的阶段，而工业上也只是利用孤立于 Internet 以外的控制通信网络（如 CAN、I2C、PROFIBUS 等现场总线）自行组网。如果能将嵌入式系统连接到应用广泛的 Internet 上，或者在现有网络的基础上利用 Internet 为介质，则可以更方便、低廉、迅速地将信息传送到世界上几乎任何一个地方，从而进行远程监控。因此，嵌入式互联网技术应运而生，并成为业界的一大热点。

超低功耗无线嵌入式互联网将是下一代互联网时代中无线嵌入式应用的关键技术。据预测，到 2020 年左右，世界上将有超过 500 亿台各种小型或者微型设备和传感设备实现联网。因此，一个低功耗无线嵌入式互联网必不可少，因为它能将纳米微电子技术、无线传感技术、片上系统 SoC（System on Chip）、设计技术等所有复杂的嵌入式和连接技术集成到一个封装中，可以轻易实现机器到机器 M2M（Machine-To-Machine）的对话，让人们从设备的通信中解放出来，如田地里的感应器会根据蔬菜的需要自动浇水，环卫工人不用亲自去看就知道垃圾箱满了没有，辛苦工作了一天的白领回到家时洗澡的热水就已经放好了，等等，真正实现全面感知、可靠传递以及智能处理的新一代物联网 IoT（Internet of Things）应用。

在互联网、云计算和物联网快速发展的背景下，支持嵌入式设备近距离直接通信的无线互联技术也处于一个迅速发展时期，这些无线互联技术包括传统的 ZigBee、Bluetooth、Wi-Fi、RFID 以及新近出现的 6LoWPAN、Wi-Fi Direct、Bluetooth Smart、NFC（Near Field Communication）、UWB（Ultra Wideband）等，每一项技术具有各自不同的特点，没有一种技术能够满足现阶段所有的应用需求。这些无线互联技术具有低成本、低功耗、微型化等共同特点，广泛应用于消费电子、工业电子、医疗电子和汽车电子等各个领域。无线互联技术与嵌入式系统密不可分，相互结合构成一个具备感知、计算和通信功能的智能部件（Smart Object）。随着越来越多的嵌入式设备，如车载信息娱乐、家庭自动化、远程医疗、数字标牌、IP 摄像头、网络 POS、可穿戴设备等加入到 Internet 中，嵌入式产业正朝着智慧化、泛在化、个性化的互联网方向发展。

1.2 移动互联网

随着宽带无线接入技术和智能移动终端技术的飞速发展，人们迫切希望能够随时随地乃至在高速移动过程中都能方便快速地从互联网中随意获取各种信息和服务，移动互联网（Mobile Internet）技术在此背景下应运而生，并发展迅猛。移动互联网就是将移动通信技术和互联网技术两者结合起来，成为一体。4G 时代的开启以及移动终端设备的凸显必将为移动互联网的发展注入巨大的能量。在我国互联网的发展过程中，PC 互联网已日趋饱和，移动互联网却呈现井喷式发展。伴随着移动终端价格的下降及 Wi-Fi 的广泛铺设，移动互联网市场将在不久的将来呈现爆发式的发展趋势。

移动互联网是一种通过智能移动终端，采用移动无线通信方式获取业务和服务的新兴网络，包含终端、软件和应用 3 个层面。终端层包括智能手机、平板电脑、电子书、移动互联网设备 MID（Mobile Internet Device）等；软件包括操作系统、中间件、数据库和安全软件等。应用层包括多媒体通信、5A（Anytime、Anywhere、Anyone、Anymedia、Anyway）学习、移动教育、工业控制、休闲娱乐等不同应用与服务。随着技术和产业的发展，将来通用移动通信系统的长期演进 LTE（Long Term Evolution）技术、近场通信 NFC（Near Field Communication）技术等网络传输关键技术也将被纳入移动互联网的范畴。

移动互联网是自适应的、个性化的、能够感知周围环境的服务，主要是以新一代智能手机为主要的终端载体，继承了桌面互联网的开放协作的特征，又继承了移动网的实时性、隐私性、便携性、准确性、可定位等特征，这些特征是其区别于传统互联网的关键所在，每个特征都可以延伸出新的应用，也可能带来新的机会，这也是移动互联网产生新产品、新应用、新商业模式的源泉。

世界无线研究论坛 WWRF（Wireless World Research Forum）给出的移动互联网参考模型如图 1-1 所示。各种应用将可以通过开放的应用程序接口 API 获得使用者交互支持或移动中间件支持，移动中间件层由多个通用服务元素构成，包括建模服务、存在服务、移动数据管理、配置管理、服务发现、事件通知和环境监测等。互联网协议簇主要有 IP 服务协议、传输协议、机制协议、联网协议、控制与管理协议等，同时还负责网络层到链路层的适配功能。操作系统完成上层协议与下层硬件资源之间的交互。其中硬件/固件则指组成终端和设备的器件单元。

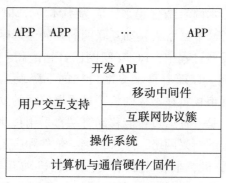

图 1-1　移动互联网参考模型

　　移动互联网支持多种无线接入方式，根据覆盖范围的不同，可分无线个域网(WPAN)接入、无线局域网(WLAN)接入、无线城域网(WMAN)接入以及无线广域网(WWAN)接入，如图 1-2 所示。各种技术客观上存在部分功能重叠，呈现相互补充、相互促进的关系，具有不同的市场定位。

　　(1)无线个域网 WPAN(Wireless Personal Area Network)

　　WPAN 是一种采用无线连接的个人局域网。它被用于诸如电话、计算机、附属设备以及小范围内的数字助理设备之间的通信。支持无线个人局域网的技术包括：蓝牙、ZigBee、UWB、IrDA、HomeRF 等。IEEE 802.15 工作组是对无线个人局域网做出定义说明的机构。除了基于蓝牙技术的 802.15.1 之外，IEEE 还推荐其他两个类型：低频率的 802.15.4(TG4，也被称为 ZigBee)和高频率的 802.15.3(TG3，也被称为超波段或 UWB)。TG4 ZigBee 主要针对低电压和低成本的工业民用等控制方案提供 20Kbps、40Kbps 或

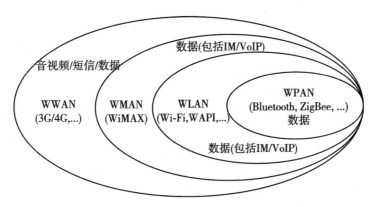

图 1-2　移动互联网的接入方式

250Kbps 的数据传输速度，而 TG3 UWB 则支持用于多媒体的介于20Mbps 和 1Gbps 之间的数据传输速度。WPAN 是一种与无线广域网（WWAN）、无线城域网（WMAN）、无线局域网（WLAN）并列但覆盖范围相对较小的无线网络。在网络构成上，WPAN 位于整个网络链的末端，用于实现同一地点终端与终端间的连接，如连接手机和蓝牙耳机等。WPAN 所覆盖的范围一般在 10m 半径左右，必须运行于许可的 ISM（Industrial Scientific Medical）无线频段。WPAN设备具有价格便宜、体积小、易操作和功耗低等优点。

（2）无线局域网 WLAN（Wireless Local Area Network）

WLAN 利用无线技术在空中传输数据、语音和视频信号。作为传统布线网络的一种替代方案或延伸，无线局域网主要用于商务休闲和企业校园等局域网络环境的高速无线互联。当前，全球无线局域网技术领域有两个标准，分别是中国提出的无线局域网鉴别和保密基础结构 WAPI（Wireless LAN Authentication and Privacy Infrastructure）标准和美国行业标准组织提出的 IEEE 802.11 系列标准（俗称 Wi-Fi，包括802.11a/b/g/n 等）。

WAPI 是我国首个在计算机宽带无线网络通信领域自主创新并拥有知识产权的安全接入技术标准，同时也是中国无线局域网安全强制性标准。Wi-Fi 是 Wireless Fidelity 的缩写，译为无线保真度，在 1999 年 IEEE 官方定义 802.11 标准的时候，选择并认定了澳大利亚联邦科学与工业研究组织 CSIRO（Commonwealth Scientific and Industrial Research Organization）发明的无线局域网络互联技术是世界上最好的无线网技术，因此，CSIRO 的无线网技术标准就成为了 Wi-Fi 的核心技术标准。

Wi-Fi 由于具有传输速度快、覆盖范围广、使用简单方便等特点，已经广泛应用在机场、车站、咖啡店、图书馆等局域工作区间，通过直接与 Internet 高速相连的 Wi-Fi 路由器形成的热点（Hot Spot）可以将半径数十米至数百米区域内的各种内嵌有 Wi-Fi 功能模块的电子设备，如笔记本电脑、平板电脑、PDA、智能手机、汽车导航等高速互联和接入 Internet。

（3）无线城域网 WMAN（Wireless Metropolitan Area Network）

WMAN 是一种新兴的适合于城市区域内的无线宽带接入技术，以 IEEE 802.16 标准为基础，全球微波互联接入 WiMAX（Worldwide Interoperability for Microwave Access）是基于该标准之上的应用技术，WiMAX 技术支持中速移动，视距传输可达 50km，带宽可至 70Mbps。WiMAX 可以为高速数据应用提供更加出色的移动性，但在互联互通和大规模应用方面还存在很多亟待解决的难点问题。

（4）无线广域网 WWAN（Wireless Worldwide Area Network）

WWAN 是指利用移动通信网络（如 3G/4G/5G 等）实现互联网的宽带接入，具有网络覆盖范围广、支持高速移动性、使用者接入方便等优点。基站覆盖范围可达 7km，室内应用带宽可达 2Mbps，但在高速移动时仅支持 384Kbps 的数据速率。3 种主流 3G 制式分别是 WCDMA、CDMA2000 和 TD-SCDMA，已在世界范围内展开应用，其共同目标就是实现移动业务的宽带化。目前，4G 技术已经开始在国内使用，4G 能够以 100Mbps 以上的速度下载，比目前的家用宽带 ADSL（4MB）快 25 倍，并能够满足几乎所有用户对于无线服务的要求。此外，4G 可以在 DSL 和有线电视调制解调器没有覆盖的地方部署，然后再扩展到整个地区。5G 移动通信技术目前正在研究中，包括华为在内的世界各大移动电信设备商已经开始建立 5G 实验室，并着手实施 5G 的标准制定和商业应用，预计手机在利用 5G 技术后无线下载速度可以达到每秒 10G。

随着智能手机等移动终端规模的不断扩大，嵌入式设备的计算能力不断加强，新的应用形式不断出现，移动互联网在发展过程产生了很多新的关键技术，如 Mashup 技术、移动 Widgets 技术、TD-LTE 技术等。

（1）Mashup 技术

随着 Web 2.0 概念的日益流行，使用者参与的交互式互联网应用越来越受到人们的青睐，其中 Mashup 就是 Web 2.0 时代一种崭新的应用模式。Mashup 一词源于流行音乐，本意是从不同的流行歌曲中抽取不同的片断混合而构成一首新歌，给人带来新的体验。与音乐中的 Mashup 定义类似，互联网 Mashup 也是对内容的一种聚合，从多个分散的站点获取信息源，组合成新网络应用的一种应用模式，从而打破信息相互独立的现状。

从体系结构的角度，Mashup 从功能上分主要包括应用编程接口/内容提供者、Mashup 站点和客户端 Web 浏览器 3 个部分，其功能分别如下：

①客户端的 Web 浏览器：客户端的 Web 浏览器以图形化的方式呈现应用程序，通过浏览器使用者可发起移动互联网交互。

②API/内容提供者：应用编程接口 API/内容提供者提供融合内容和应用。为便于检索，提供者通常会将自己的内容通过 Web 协议对外提供，如 REST、Web 服务、RSS/ATOM 等。

③Mashup 服务器：Mashup 服务器端动态聚合生成内容，转发给使用者。另外，聚合内容可直接在客户端浏览器中通过脚本（如 JavaScript 等）生成。

基于移动网络的 Mashup 应用可以把运营商、设备商、互联网应用商、增值应用提供商等各方联合在一起，通过共同打造移动 Mashup 应用的生态系统，为使用者提供更加优质的服务，提升使用者体验，提供新的商务模式，并可以解决移动网络中新应用难以丰富的问题，为使用者提供更多创新的、融合的应用。与此同时，为包括运营商、设备提供商、内容/服务提供商（CP/SP）、互联网应用提供商等在内的相关参与方带来收益。

7

（2）移动 Widgets 技术

Widgets 是利用 Web 技术，通过可扩展标记语言（XML）和 JavaScript 等来实现的小应用。Widgets 可以分为桌面 Widgets 和 WebWidgets，随着移动互联网和嵌入式设备的发展，Widgets 开始在手机和其他终端上应用，衍生出移动 Widgets、TV Widgets 等表现形式。

移动 Widgets 具有小巧轻便、开发成本低、潜在开发者众多、与操作系统耦合度低和功能完整的特点，此外，由于运行在移动终端上，移动 Widgets 还有一些其他特性。如可以通过移动 Widgets 实现个性化的使用者界面，可以轻而易举地让每部手机都变得独一无二。移动 Widgets 可以实现很多适合移动场景的应用，如与环境相关、与位置相关的网络应用。移动 Widgets 特定的服务和内容使得使用者更加容易获得有用信息，减少流量，避免冗余的数据传输带来的额外流量。移动 Widgets 也是发布手机广告的很好途径。移动 Widgets 的易开发、易部署、个性化、交互式、消耗流量少等特性使它非常适合移动互联网，是移动互联网构建的一个非常重要的因素。

移动设备本地能力与 PC 有较大不同，需要通过特殊 API 访问移动设备特有的本地能力，受设备硬件条件的限制需要更加轻量化。相对于 PC，移动设备及网络更为多样化，移动 Widgets 标准化需求更为迫切。移动 Widgets 依赖的技术有：Ajax、HTML、XML、JavaScript 等 Web 2.0 技术，以及压缩、数字签名、编码等信息技术。在移动 Widgets 的开发部署中，要集中考虑与安全有关的一些问题，例如，如何保证设备安全、个人数据安全和网络数据安全、防止不必要的信息和手段对使用者产生骚扰，等等。

（3）TD-LTE 技术

TD-LTE（Time Division Long Term Evolution，分时长期演进）是由中国主导的 4G 网络标准，技术成熟，具有信号稳定、干扰少等优势，移动通信领域将采用 4G LTE 标准中的 TD-LTE 技术。LTE-TDD 也称 TD-LTE，由 3GPP 组织涵盖的全球各大企业及运营商共同制定，LTE 标准中的 FDD 和 TDD 两个模式实质上是相同的，两个模式间只存在较小的差异，相似度达90%。时分双工TDD(Time Division Duplexing)技术是移动通信技术使用的双工技术之一，与FDD频分双工相对应。TD-LTE与TD-SCDMA实际上没有关系，TD-LTE是TDD版本的LTE的技术，FDD-LTE的技术是FDD版本的LTE技术。TD-SCDMA是CDMA(码分多址)技术，TD-LTE是OFDM(正交频分复用)技术。两者从编解码、帧格式、空口、信令到网络架构都不一样。

可以预见，未来互联网产品设计将依据终端划分为以下两个部分：一部分是比较传统的桌面互联网，它向传统的媒体靠拢；另一部分是以智能手机为代表的移动互联网，它更加突出即时信息传播和数据的异地存储。未来的手机已不再是简单的软件应用，而是融入高新技术、时尚流行、虚拟社会、网络经济以及多种使用者心理的人性化解决方案，应用将会更加注重使用者体验，更加人性化。

1.3　嵌入式互联网

嵌入式系统已经广泛渗入我们日常生活以及工业控制领域、商业应用领域等方方面面。在日常生活中，数码相机、手机、MP3、PDA、电视机，甚至电饭锅、手表、玩具等都有嵌入式系统的身影。在工业自动化领域，各种工业自动化仪器仪表、航空航天，通信、交通等领域也有越来越多的嵌入式系统。一些新兴的领域，如汽车电子、医疗设备领域中也不断涌现新的嵌入式应用，如汽车导航、核磁共振仪、病人监护系统、车载娱乐平台、健康照顾系统、无线传感器系统等。

嵌入式市场的发展如火如荼，成为电子及半导体行业竞相发力的热点领域。嵌入式技术的特点非常适合终端市场的发展趋势和特点。嵌入式平台一般都是针对某些特定应用而开发的，具有一定的针对性，易于上手、灵活、成本低，且便于升级。终端设备的发展趋向于个性化、集成化、多功能，由于细分明显使得市场变窄，从而对成本功耗要求越来越高，因此，嵌入式平台的特点非常符合终端市场发展的需求。

　　嵌入式互联网是嵌入式技术在发展过程中的一种全新的应用模式，它是将所有的各种嵌入式设备，包括家用电器、医疗设备、工业机器等，全部都可以联网，可以充分利用互联网的优势，带来全新的生活和工作体验，彻底改变人们的生活方式。国际电联联盟 ITU(International Telecommunication Union)将互联网的发展分成以下 4 个阶段：第一阶段是大型机、主机与互联网相连；第二阶段是台式机、笔记本电脑等能够跟互联网相连；第三阶段是过去几年一个新的现象，手机和各种移动设备联上互联网；第四阶段则是让各类小型的、低功耗的甚至微功耗的嵌入式设备也能连上互联网，即嵌入式互联网。

　　嵌入式互联网技术是互联网发展历史上的又一个里程碑，它是依托于互联网技术、Web 技术和嵌入式技术发展起来的。在嵌入式系统应用领域，以互联网技术为基础，使嵌入式系统与互联网相互连接，实现嵌入式系统与互联网之间的资源共享、信息通信和状态控制等功能，这种嵌入式系统与互联网之间的连接与应用就称为嵌入式互联网。嵌入式互联网主要优点在于它可以从设备的角度来看互联网，把互联网的功能嵌入到设备中，称为嵌入式互联网设备 EID(Embedded Internet Device)，通过这种方式来方便设备操作，简化远程控制。

　　嵌入式互联网可以作为一个差异化的计算平台，它对于使用者来说是"隐形的"，它拥有预先设定的功能，与个人电脑不同的是，嵌入式设备需要把有限的计算能力用在一个主要应用中，将会提升嵌入式系统的计算能力、提高使用者的体验度、扩大嵌入式技术的应用领域。进入嵌入式市场意味着将面对着各种各样的应用领域和成千上万个客户，这和过去只需面对电脑和服务器等领域为数不多的几家大客户截然不同。

　　嵌入式互联网将给市场带来巨大的发展机遇，如作为传统的 PC 和服务器处理器提供商的 Intel 公司已经毫不犹豫地将嵌入式市场作为自己新的重点市场。以 ARM 微处理器为硬核和 Android 操作系统为软核的双 A(A+A)组合成为目前很多嵌入式电子产品设计的首选。特别地，AMR 公司推出的 Cortex 系列微处理器以及

Android 对 64 位体系架构的支持大大推进了嵌入式设备在各个领域的应用。另外，微软公司新近推出 Windows Embedded Standard 7 版除了具有同样强大的功能外，还具有高度的定制性和组件化，极大地推动了机顶盒、互联媒体设备以及电视市场的发展，"三屏一云"就是微软提出的以软件为基准，更好地结合 PC、手机和电视这 3 种不同类型的终端屏幕来提供客户所需要的无缝使用者体验。中国市场对于嵌入式互联网这场革命来说非常关键，巨大的市场需求、良好的产业互动和创新的商业模式使得中国在嵌入式互联网市场领域蓬勃发展，中国政府更是将物联网技术、大数据技术、云计算技术等提升到国家发展战略层面，为嵌入式互联网的发展提供了发展的动力和不竭的源泉。

1.4　无线嵌入式互联网

无线嵌入式互联网可以算作是当今最大的计算机网络系统——因特网(Internet)的一个子集，如图 1-3 所示。与因特网的核心部分和边缘部分相比，无线嵌入式互联网工作节点将是亿万级规模，这些节点大部分是资源和能力受限(包括计算能力、存储能力、通信能力等)的嵌入式设备，经常只能靠电池供电，有些甚至是无源节点，一般采用低功耗低带宽的无线网络连接到 Internet。

无线嵌入式互联网工作节点与我们的生产生活息息相关，这是因为在嵌入式系统应用市场高速成长的过程中，这类资源受限的嵌入式设备对无线互联技术有了越来越多的需求，各种无线通信技术也在以越来越快的速度融入到嵌入式系统设计中。例如，在消费电子产品中如家电设备、可穿戴式电子设备、家庭机器人等，已经开始广泛采用各种无线通信技术实现无线互联。在新一代汽车电子娱乐系统的嵌入式应用中，也采用无线技术来实现各种音频、视频数据流的无线高速传输和导航信息的无线交互。在工业控制领域中，大量的嵌入式控制设备也开始实现无线互联和 M2M 通信。无线嵌入式互联网终端设备能被部署到住宅及商用建筑自动化、工业设备监测以及其他无线传感和控制应用当中，如制药工业过程控制、电

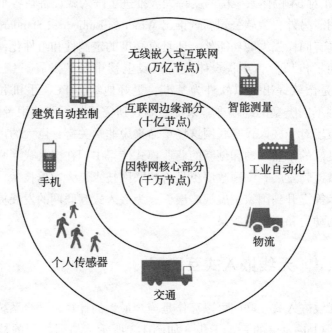

图 1-3　无线嵌入式互联网与互联网

力系统、电网安全、电网设备监测、石油化工系统等。无线化和网络化是嵌入式领域提高生产效率和产品质量、减少人力资源的主要途径。

目前，在嵌入系统设计中增加无线互联技术，比较常用的办法有以下两种：

一种是在使用比较高级的操作系统，例如，Win CE 或者嵌入式 Linux 下添加无线网络模块，这个方法的好处是这些操作系统已经包括了比较丰富的底层驱动，使无线系统设计比较简单。但是，运行这些系统需要比较高级的微处理器和大量内存，实现微功耗和低成本比较困难，也很难做成成本非常低的系统。

另外一种办法是采用高性能低价格的无线模块，配合低成本的 8~32 位微处理器/微控制器/DSP 或者 SoC（System on Chip）芯片，这样的系统只需要小型化实时操作系统，甚至也可以不需要操作系统，因而可以设计灵活，开发简单，不需要大量存储器和系统资源，无需深入了解无线技术，可以快速而方便地设计出微功耗、低成本的嵌入式系统。

虽然大量新一代的无线通信技术和无线通信标准（如 Wi-Fi Direct、Bluetooth Smart、NFC 等）为低功耗嵌入式设备实现无线互联提供了方便的途径，但是，如何选择合适的无线通信技术，如何在嵌入式系统设计中高效率高效能地掌握和使用这些新的技术和设计方法，也就成了无线嵌入式互联网设计和应用的一个关键因素。对某些应用来说，在 2.4GHz 上运行的标准化无线互联技术（如蓝牙、ZigBee 或 Wi-Fi）几乎可以用于世界上任何地方。然而，对其他应用而言，改进大楼穿透力、降低干扰、减少低频无线通信的能耗可能是更好的选择。在这种情况下，设计人员的任务则是优化和检验无线通信电路，使得这些无线通信电路能够用于不同地区的相同应用。

将无线技术使用到嵌入式系统设计的关键问题如下：

①根据系统应用特点，考虑好功耗要求。

例如，对于消费电子产品，如果采用普通碱性电池供电或者纽扣电池供电，需要非常低的功耗，选择 ZigBee 和其他非标准通信技术，可能比较合适，如遥控器等。如果需要进行语音应用，而且采用可充电电池，蓝牙技术也可能是很好选择，如数码相框等。最新出现低功耗 Wi-Fi 为 Wi-Fi 技术进入低功耗无线嵌入式系统中提供一种新的选择。

②根据系统工作环境和网络覆盖，选择相关技术。

目前，移动通信系统已经有非常广泛的网络覆盖，对于很多 M2M 的应用，如无线抄表、远程遥控，采用 GPRS 是不错的选择。许多城市目前在建设和运营 4G 移动通信网络，因此可以采用低成本的宽带移动通信模块，可以加快嵌入式无线应用系统的开发，拓展无线嵌入式系统的应用领域。

③系统成本和开发时间的综合考虑。

对于嵌入式系统而言，可靠性和系统成本是非常重要的因素，而如何快速完成系统软件和硬件的开发设计，也是非常重要的。无

线和无线网络技术有时候需要涉及高频设计(工作频率在 400MHz~
5GHz),而且具有比较复杂的网络通信协议和一系列网络通信算
法,如何克服这些设计障碍,快速切入核心设计,也是非常重要的
问题。

1.5 应用领域

无线嵌入式互联网具有广阔的应用前景,其应用领域包括可穿
戴式设备、智能公路(包括交通管理、车辆导航、流量控制、信息
监测与汽车服务等)、植物工厂(如实现野生名贵药材的远程监控
培养和种植、无土栽培技术应用、智能种子工程等)、虚拟现实
VR(Virtual Reality)机器人(如交通警察、门卫、家用机器人等)、
信息家电(如冰箱、空调等家用电器的网络化等)、家政服务(水、
电、煤气表的自动抄表、安全防火、防盗系统等)以及工业自动化
控制领域,等等。下面选取几种具有代表性的应用加以介绍。

1.5.1 可穿戴式应用领域

可穿戴式设备是无线嵌入式互联网技术应用中一个最具特色的
应用,也是近年来在嵌入式应用领域中的热点研究内容。可穿戴式
设备是下一轮工业革命浪潮的核心,与 3D 打印、云计算、移动互
联、大数据(Big Data)、智慧智能等技术息息相关。可穿戴式设备
是应用穿戴式技术对日常穿戴设备进行智能化设计,开发出可以进
行穿戴式的设备总称,如眼镜、手套、手表、服饰及鞋等。广义的
穿戴式智能设备包括功能全、尺寸大、可不依赖智能手机实现完整
或者部分的功能应用,例如,智能手表或智能眼镜等,以及只专注
于某一类应用功能,需要和其他设备如智能手机配合使用,如各类
进行体征监测的智能手环、智能首饰等。随着技术的进步以及使用
者需求的变迁,可穿戴式智能设备的形态与应用热点也在不断地
变化。

可穿戴技术的核心是将无线连接功能嵌入到装有传感器的设备
中,该技术将成为推动物联网生态系统的发展和普及的关键因素。

无线互联网技术不仅可以将可穿戴设备所获得的各种个人数据传送到云端进行分析和保管，而且可以将数据分享到我们随身携带的智能手机和平板电脑上，利用现有的智能手机和平板电脑的强大处理能力来处理穿戴设备收集到的数据，例如生命体征、运动指标或睡眠质量等。这样既能减少对于可穿戴设备处理能力的要求，同时降低了电量的消耗。随着可穿戴设备应用市场的扩大和规模化生产的形成，消费者也就能以较低的价格购买这些穿戴设备产品。如果将可穿戴设备与定位技术结合起来，还可以实现一些有趣的新应用功能，例如，医生可以在临床环境中跟踪患者的情况，零售商可以向消费者发送有针对性的广告信息等，这就为开发创新型智能配饰、衣物和其他可穿戴传感器打开了一扇大门。

可穿戴式设备应当具备两个重要的特点：一是可长期穿戴；二是智能化。可穿戴式设备必须是延续性地穿戴在人体上，并能够带来增强使用者体验的效果。这种设备需要有先进的电路系统和无线联网，并且至少具有一定计算能力的微处理器或者微控制器。穿戴式智能设备时代的来临意味着人的智能化延伸，通过这些设备，人可以更好地感知外部与自身的信息，能够在计算机、网络甚至其他人的辅助下更为高效地处理信息，能够实现更为无缝的交流。

可穿戴式应用领域可以分为两大类：一个是自我量化领域；另外一个是体外进化领域。在自我量化领域，最为常见的有两大应用细分领域：一是运动健身户外领域；另一个是医疗保健领域。前者主要的参与厂商是专业运动户外厂商及一些新创公司，以轻量化的手表、手环、配饰为主要形式，实现运动或户外数据如心率、步频、气压、潜水深度、海拔等指标的监测、分析与服务。代表厂商如 Suunto、Nike、Adidas、Fitbit、Jawbone 以及咕咚等。而后者主要的参与厂商是医疗便携设备厂商，以专业化方案提供血压、心率等医疗体征的检测与处理，形式较为多样，包括医疗背心、腰带、植入式芯片等，代表厂商如 BodyTel、First Warning、Nuubo、Philips 等。

在体外进化领域，这类可穿戴式智能设备能够协助使用者实现信息感知与处理能力的提升，其应用领域极为广阔，从休闲娱乐、信息交流到行业应用，使用者均能通过拥有多样化的传感、处理、连接、显示功能的可穿戴式设备来实现自身技能的增强或创新。主要的参与者为高科技厂商中的创新者以及学术机构等，产品形态以全功能的智能手表、眼镜等形态为主，不用依赖于智能手机或其他外部设备即可实现与使用者的交互，代表者如 Google、Apple 以及麻省理工学院 MIT 等。

　　谷歌眼镜（Google Project Glass）就是一款典型的可穿戴式设备，是无线嵌入式互联网技术在这个领域的一个典型体现，它是由谷歌公司于 2012 年 4 月发布的一款"拓展现实"眼镜，它具有和智能手机一样的功能，可以通过声音控制拍照、视频通话和辨明方向，以及上网冲浪、处理文字信息和电子邮件等，如图 1-4 所示。Google Project Glass 主要结构包括在眼镜前方悬置的一台摄像头和一个位于镜框右侧的宽条状的电脑处理器装置，配备的摄像头像素为 500 万，可拍摄 720p 视频。镜片上配备了一个头戴式微型显示屏，它可以将数据投射到使用者右眼上方的小屏幕上。显示效果如同 2.4m 外的 25 英寸高清屏幕。还有一条可横置于鼻梁上方的平行鼻托和鼻垫感应器，鼻托可调整，以适应不同的脸型。在鼻托里植入了电池，它能够辨识眼镜是否被佩戴的。电池可以支持一天的正常使用，充电可以用 Micro USB 接口或者专门设计的充电器。眼镜可以根据环境声音在屏幕上显示距离和方向，在两块目镜上分别显示地图和导航信息。

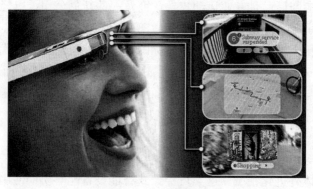

图 1-4　谷歌眼镜

　　Apple Watch 是苹果公司于 2014 年 9 月发布的一款智能手表，如图 1-5 所示。Apple Watch 可以实现如接打电话、Siri 语音、信息、日历、地图等功能，通过手表可以调用 iPhone 的 GPS。该手表采用磁力 MagSafe 插头，支持无线充电，这一设计有效地解决了续航问题。Apple Watch 也可使用 Apple Pay。为了克服手表表盘屏幕过小的限制，Apple Watch 设置了一个数码转轮，通过转动它可以对图像进行缩放或移动图案。Apple Watch 的屏幕同样支持多点操控。Apple Watch 的表冠下有一颗单独的沟通按键，专门启动一个叫 Communication 的通信应用。苹果公司对 Apple Watch 的界面进行了全新设计，使用者可以在手表上看到好友列表，与好友通话，甚至把自己的心率信息分享给好友。Apple Watch 还能够记录佩戴者的体形状况以及心跳次数等数据。

图 1-5　Apple Watch

　　360 儿童腕表是 360 公司开发的一款针对儿童与家长设计的软硬件结合的产品，如图 1-6 所示。通过佩戴在孩子手腕上与配套手机 APP 连接，实现与手环轻松关联，准确定位小孩所在位置。无论孩子在校上课还是外出游玩，只需为孩子戴上儿童腕表，家长即可随时随地通过手机客户端查看孩子位置。家长只需通过手机客户端发出指令，儿童腕表将启动 10 秒录音，并同步传送到家长手机或者云端。结合 360 云计算的强大数据分析能力，云端服务器能准确识别孩子的路线轨迹，一旦孩子脱离安全区域，会触发报警并通过手机客户端及时通知。

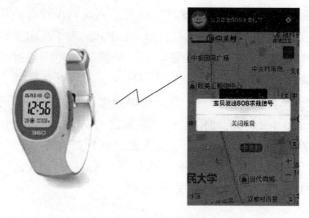

图 1-6　360 儿童腕表

1.5.2　智慧家居应用领域

智慧家居体现了未来智能家居的发展方向，智慧家居是在智能家居基础上融入无线传感网络技术、低功耗嵌入式技术、移动通信技术、IPv6 网络技术等新技术后，所形成的能够自我感知、自我调控、自我管理的新一代家电产品，是无线嵌入式互联网技术最广泛应用的具体体现。智慧家电设备借助无线嵌入式互联网技术能够感知所在位置的空间状态及家电运行状态，能够自动接收房屋主人在房间内或通过远程发出的指令。跟传统家电相比，智慧家电相当于模拟了人的智能，产品由微处理器和传感器捕获信息并进行相应的处理，可以根据住宅环境及使用者需求进行自动控制。

智慧家电将是无线嵌入式互联网在智慧家居领域中最大的应用之一，通过无线嵌入式互联网技术将家庭内的冰箱、洗衣机、电饭煲、热水器、电视机、门禁、空调、摄像头等与 Internet 相连，可以通过传感器的直接感知做出场景判断进而做出各种控制，也可以通过各种移动终端实现远程手动控制。设备的智慧化控制将人类的

18

生活带入一个全新的世界，如图 1-7 所示。即使主人不在家，也能够预先设定好其自动工作方式，如通过网络实现远程控制，同来访客人通话和单元入口门锁控制；厨房的燃气报警；紧急呼救；水、电、暖、燃气的自动计费等，这些功能都可以在无线嵌入式互联网技术下得以实现。

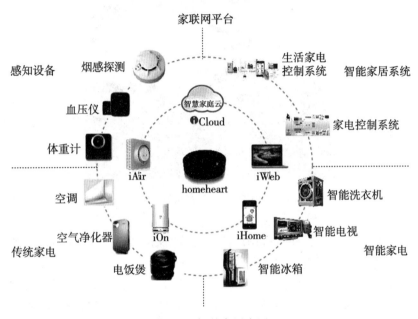

图 1-7　智慧家居应用

为了实现智慧家居的远程控制，借助家庭中广泛拥有的无线路由器来进行连接和控制是当前实现智慧家居最有效的手段。智能 Wi-Fi 路由器就是无线嵌入式互联网技术在智能家居中的最好体现，小米路由器是其中的典型代表，如图 1-8 所示。当住户的手机连上家中 Wi-Fi 之后，小米路由器也可以自动识别，从而将预设好的家用电器打开并调节到预定模式。小米路由器会自动识别住户手机是否和家中的 Wi-Fi 连接上，当住户离开 Wi-Fi 的有效连接距离后，家中设定好的电器将会自动关闭。另外，住户还可以通过小米路由器 APP 控制家中电器，如智能扫地机器人工作等，同时还可以远程下载想看的电影等。

图 1-8　小米路由器

　　当前，部署方便、应用广泛的号称"家庭小卫士"的无线 Wi-Fi 摄像头也是无线嵌入式互联网的一个典型应用，如图 1-9 所示，这类摄像头采用 UPnP 技术、NAT 穿墙技术等无线嵌入式网络技术，通过家庭的 Wi-Fi 无线路由器和 ADSL 宽带连接，将摄像头连入 Internet，借助智能手机或者电脑可以在全球任何一个能够连接 Internet 的地方都可以随心所欲地以音频、视频的方式查看家里的情况，并且能通过手机移动控制该摄像头的 360° 旋转取景，同时还可以提供异常情况的检测，将有巨大差异的两帧画面或者通过红外探测异常状况发生时候的画面，通过电话、E-mail 或者短信等方式及时将现场的图像、声音等信息传递远端电脑、手机或者服务器。由于该摄像头无需借助电脑、无需连接网线、无需本地存储、支持移动控制、支持双向交互等工作特点，因而广受现代家居生活欢迎。

　　此外，还有如 Broadlink 推出的 Wi-Fi 智能插座，如图 1-10 所示。通过 Wi-Fi 无线网络连接，由手机在本地或者远程控制交流插

图 1-9 Wi-Fi 摄像头

图 1-10 Broadlink Wi-Fi 智能插座

座的开关，只需要装载一个手机 APP 软件，并经过简单的初始化（如将无线局域网环境中连接所需要的用户名和密码告诉 Wi-Fi 智能插座），然后利用家里的无线宽带路由器以及手中的智能移动设备，就可以实现远程开关这个简单的控制功能。由于该插座直接控制交流电的接通与断开，与电子电气设备本身无关，对于家庭而言无需加载网关设备，因而使得该设备应用起来极为方便，应用场景也非常广泛,如可以直接控制各种照明设备、空调设备、热水器设备、家用电脑等设备所需要交流电源的断开和闭合,从而达到控制这些设备工作的开启与停止的目的。

1.5.3 无线传感网络应用领域

无线传感网络是当今在国际上备受关注的、涉及多学科高度交叉的、知识高度集成的前沿热点研究领域。无线传感网络技术涉及纳米微电子技术、智能传感(Smart Sensor)技术、微机电系统(Micro-Electro-Mechanism System,MEMS)技术、片上系统 SoC 技术、无线网络通信技术、微功耗嵌入式技术等多个技术领域,它与通信技术、计算机技术共同构成信息技术的 3 大支柱,被认为是对 21 世纪产生巨大影响力的技术之一。通过无线传感网络的部署和采集,可以扩展人们获取信息的能力,将客观世界的物理信息同传输网络连接在一起,改变人类自古以来仅仅依靠自身的触觉、视觉、嗅觉等来感知信息的现状,极大地提高了人类获取数据和信息的准确性和灵敏度。

无线传感网络中的感知节点就是一种典型的微功耗无线嵌入式设备,承担着信息采集和信息无线传递的双重功能。无线传感网络一般工作在户外甚至条件极为恶劣的野外环境,因此供电极为不便,有些甚至无法做到电源续航,电量耗尽后节点自动退出,因而在设计的时候,对功耗要求总是排在首位。无线传感网络的工作节点一般由传感单元、处理单元、电源单元和无线通信单元 4 个部分组成。无线传感网络应用系统对感知节点一般要求体积小、成本低、使用或者部署起来比较方便,有些节点甚至直接植入目标体内等。如图 1-11 为一些典型无线传感网络工作节点的外观图。

随着全球对环境保护的日益重视,环境监测目前已经成为许多国家重点发展的项目。利用无线传感网络技术来实现环境监测获取各种影响环境的物理参量,如可利用安装在城市重点观测段或者森林、保护区等野外观测区域的无线传感网络系统,实时将与环境监测有关的各种物理参量,如 PM2.5/PM10、SO_2、CO_2、甲醛、电磁辐射、有毒有害气体、易燃易爆危险物等物理量以及水土侵蚀、

图 1-11 典型微型感知节点

污水排放等观测对象，精准地获取需要的信息，这些信息通过无线网络传至监控中心，为精确调控提供了可靠依据。监控中心对采集到的数据进行分析，帮助工作者有针对性地智能控制各种动作或做出相应的预防和解决措施，从而达到环境监测、保护和预防的目的，如图 1-12 所示。

在无线传感网络应用中还有一类典型应用就是智能物件（Smart Objects）。智能物件通常指的是物理世界中那些在嵌入式设备协助下能够传输状况和环境信息（如温度、光强、移动、健康状况）的物体，这些信息被传输到中心节点，进行分析以及与其他信息进行关联，从而做出进一步的行动。目前，智能物件已被广泛应用到许多相关领域，从建筑自动化、工业自动化、资产管理和跟踪到医院病人监护和安全等，将来还可能会有更多的应用。智能物件包括携带有传感装置、驱动装置、通信装置等的微型计算机，家庭自动化、工业监控、建筑管理、智能电网、物流运输、能耗管理等应用的微型处理器，以及附加到汽车、开关以及温度计上的微型传感器等。

IPSO（IP for Smart Objects）联盟的成立旨在推动 IP 协议作为网络互联技术用于连接传感器节点或者其他智能物件上，以便于信息的传输。该非营利组织成员包括全球多家通信和能源技术公司。IPSO 联盟为推动无线嵌入式互联网技术在无线感知和智能物件应用中起到非常重要的作用，其主要实施目标如下：

①推动 IP 协议成为智能物件相互连接与通信的首要解决方案。

②通过白皮书发布、案例研究、标准起草及升级等手段，推动

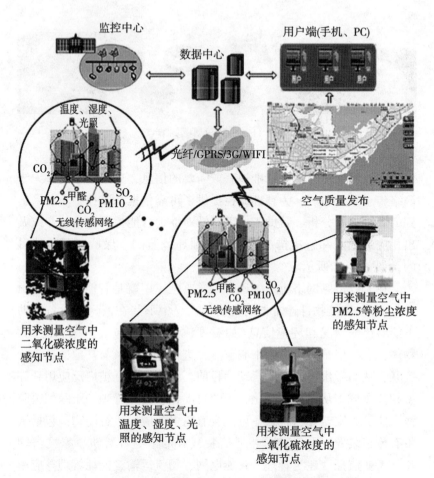

温度、湿度、光照

CO_2

甲醛
PM2.5　　　　　SO_2
CO_2　PM10
无线传感网络

光纤/GPRS/3G/WIFI

空气质量发布

PM2.5　甲醛　　SO_2
CO_2　PM10
无线传感网络

监控中心

数据中心

用户端(手机、PC)

用来测量空气中二氧化碳浓度的感知节点

用来测量空气中温度、湿度、光照的感知节点

用来测量空气中二氧化硫浓度的感知节点

用来测量空气中PM2.5等粉尘浓度的感知节点

图 1-12　无线传感网络技术在城市空气质量监测中的应用

IP 协议在智能物件中的应用及其相关产品及服务的市场营销。

③了解智能物件相关行业和市场。

④组织互操作测试，使联盟成员及相关利益相关方证明其基于 IP 的智能物件相关产品和服务可共同运行，且满足行业的通信标准。

⑤支持 IETF 及其他标准组织开发智能物件的 IP 协议技术标准。

1.5.4 工业无线控制应用领域

嵌入式互联网技术已经被广泛应用于工业控制领域，而且作为嵌入式系统的一种主流应用，产生了巨大的经济价值。工业无线技术就是把无线技术应用于嵌入式工业控制领域的解决方案，无需敷设电缆、接线，从而节省安装成本和后期的维护费用。工业无线控制的移动工作站可以支持现场无线和移动作业，使控制室和现场布置更为简洁。工业无线控制符合开放的国际工业无线标准，支持互操作和兼容，而且无线网络扩展非常方便，可以有效保护现有投资。相对于有线方式，工业无线控制所带来的优势适合工业无线应用的典型场合，如分散的测点；用于安装和维护危险的区域；移动的测点、临时测点、旋转的测点、没有电源供应的测点；更多的设备诊断数据，用于过程优化和控制、工艺改进；现场移动作业的需要；工厂安全、泄漏排放、火灾，更好的环境监测、更快的事故反应能力；罐区储罐溢流或储备状况，无线雷达液位计监测实时液位，等等。

目前，国际上有工业无线控制的组织制定和颁布了有关标准和协议，如 WirelessHART、WIA-PA、ISA100.11a 等。WirelessHART（Wireless Highway Addressable Remote Transducer）是第一个开放式的可互操作无线通信标准，用于满足流程工业对于实时工厂应用中可靠、稳定和安全的无线通信的关键需求。WIA-PA（Wireless Networks for Industrial Automation Process Automation）是面向工业过程自动化的工业无线网络标准，主要用于工业过程中的测量、监视与控制，是具有中国自主知识产权、符合中国工业应用国情的一种无线标准体系。ISA100.11a 是由国际自动化学会 ISA（International Society of Automation）下属的 ISA100 工业无线委员会制定，其目标是将各种传感器以低复杂度、合理的成本和低功耗、适当的无线通信数据速率方式集成到各种应用中。

下面以 ISA100.11a 为例，介绍其在工业无线控制领域中的应用。ISA100.11a 标准的主要内容包括工业无线网络的构架、共存性、健壮性、与有线现场网络的互操作性等，其定义的工业无线设备包括传感器、执行器、无线手持设备等现场自动化设备。ISA100.11a 标准希望工业无线设备以低复杂度、合理的成本和低功耗、适当的通信数据速率去支持工业现场应用。ISA100.11a 标准的目标是将各种传感器以无线的方式集成到各种应用中，有效和高效地沟通任何遗留设备和主机系统，包括 HART、FFOUNDATION_fieldbus、Modbus、Profibus 等，IP 技术与无线技术融合的实施目标促使 ISA100.11a 网络层的主要工作是采用 IPv6 协议的骨干网以及骨干网与 DL 子网间的转换上。网络层主要负责网络层帧头的装载和解析，数据报文的分片和重组，IPv6 帧头的 HC1 压缩方案以及 6LoWPAN 的路由技术等。

　　基于 ISA100.11a 的无线工业控制已经得到霍尼韦尔、横河、埃克森美孚、GE、azbil 山武等国际性大公司的支持，如霍尼韦尔公司宣布推出其工业无线网络控制系统 OneWireless，如图 1-13 所示，该系统在中国的应用已经有数十个，如中石化镇海炼化、中石化青岛炼化、中石化武汉石化 800kt/a 乙烯等。该系统支持 ISA100.11a 工业无线现场设备，也支持 802.11 Wi-Fi 无线设备。所支持的 ISA100.11a 工业无线设备包括无线压力变送器(绝压、表压、差压)、无线温度变送器、无线腐蚀测量变送器、无线开关量

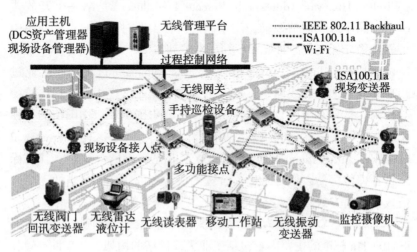

图 1-13　无线嵌入式互联网技术在工业无线控制领域中的应用

输入变送器、无线开关量输出变送器、无线模拟量输入变送器、无
线多输入组合变送器、无线雷达液位计、无线阀门回讯变送器(定
位器)、HART 信号的无线转接模块。所支持的 802.11 Wi-Fi 无线
设备包括无线设备振动(健康状态)监测变送器、无线读表器、无
线视频、移动工作站、无线巡检、可燃气体检测等。

本 章 小 结

当前,全球个性化互联网及嵌入式增长势头强劲,未来将有上
千亿的嵌入式计算设备会与互联网直接连接。低功耗无线传感网
络、智能蓝牙(Bluetooth Smart)网络、低功耗 Wi-Fi 网络等为各类
无线嵌入式系统提供了互联网连接的解决方案。如果说 Internet 构
成了逻辑上的信息世界,改变了人与人之间的沟通方式,而无线嵌
入式互联网则将逻辑上的信息世界与客观上的物理世界融合在一
起,改变了人类与自然界的交互方式。随着无线嵌入式互联网的发
展与应用,各类微型、智能、廉价、高效的无线嵌入式设备和工作
节点将进入我们的生活,让我们能够直接感知客观世界,从而极大
地扩展现有网络的功能和人类认知世界的能力,使我们感受到一个
无处不在的网络世界。无线嵌入式互联网未来必将与物联网一样成
为继计算机、互联网与移动通信网之后信息产业新一轮竞争中的制
高点。

第 2 章　无线嵌入式互联网的 IP 实现

　　将无线嵌入式互联网中的工作节点直接接入因特网（Internet）是比较困难的，这是因为以前许多标准化组织和研究者认为 Internet 中的 TCP/IP 协议过于复杂，对内存和带宽要求较高，要降低它的运行环境要求以适应只有少量内存空间和有限计算能力的无线嵌入式网络设备则很困难，因此，ZigBee、Bluetooth 等无线网络都是采用非 IP 技术，形成了不同于 Internet 的封闭无线嵌入式互联网，又称非 IP 网络。

　　物联网概念的提出以及 IPv6 等技术的出现，同时感知节点硬件处理能力的不断加强，为各类无线嵌入式应用系统的工作节点连上 Internet 提供了现实的需求和实现的可能。为了能够连接 Internet 并通过 Internet 进行信息传递，这些无线嵌入式系统必须要实现一个完整的 TCP/IP 协议栈。为了在这些资源受限的无线嵌入式网络设备中采用复杂的 IP 技术，可以适当根据无线嵌入式网络的自身特点进行改进和优化，同时对 IP 进行瘦身处理和轻量处理，使其既能适应原有系统，又能满足直接连入 Internet 的需求。由国际互联网工程组 IETF 发布的 6LoWPAN 草案标准就是其中非常有代表性的一项技术应用。

　　IETF 所公布的 6LoWPAN 草案标准取得的突破是得到了一种非常紧凑、高效的 IP 实现，消除以前可能会造成各种专门标准和专有协议的因素，这在工业协议如 BACNet、LonWorks，通用工业协议和监控与数据采集等应用领域中具有特别的价值。最新发布的蓝牙 4.2 最大的改进也就是开始支持 6LoWPAN，这一技术允许多个蓝牙设备通过一个终端接入互联网或局域网，拓展了蓝牙技术的应用范围。由此可见，未来 6LoWPAN 将可能广泛应用于各种无线嵌入式设备应用领域。本章将以 6LoWPAN 为例，重点介绍 6LoWPAN 的基本原理、实现过程以及一些关键性技术。

2.1 IEEE 802.15.4 标准

IEEE 802.15.4 描述了低速率无线个域网的物理层和媒体接入控制协议。IEEE 802.15.4 规定了物理层(PHY)和媒体接入控制子层(MAC)与固定、便携式及移动设备之间的低数据率无线连接的规范，这些设备大多没有电池，或对电池电量和功耗要求都很小。一般在 10m 左右的个人操作空间内(Personal Operating Space, POS)运行。根据应用的不同，也可以采取更大的范围和更低的数据率来作为其中的一个权衡方案。

2.1.1 IEEE 802.15.4 简介

随着通信技术的迅速发展，人们提出了在自身附近几米范围之内的通信需求，这样就出现了个人区域网络 PAN(Personal Area Network)和无线个人区域网络 WPAN(Wireless Personal Area Network)的概念。WPAN 网络为近距离范围内的设备建立无线连接，把几米范围内的多个设备通过无线方式连接在一起，使它们可以相互通信甚至接入局域网 LAN 或 Internet。1998 年 3 月，IEEE 802.15 工作组致力于 WPAN 网络的物理层(PHY)和媒体访问层(MAC)的标准化工作，目标是为在个人操作空间(POS)内相互通信的无线通信设备提供通信标准。POS 一般是指使用者附近 10m 左右的空间范围，在这个范围内使用者可以是固定的，也可以是移动的。

IEEE 802.15 工作组内有 4 个任务组 TG(Task Group)，分别制定适合不同应用的标准，这些标准在传输速率、功耗和支持的服务等方面存在差异。这 4 个任务组各自的主要任务如下：

①任务组 TG1：制定 IEEE802.15.1 标准，又称蓝牙无线个人区域网络标准。这是一个中等速率、近距离的 WPAN 网络标准，通常用于手机、PDA 等设备的短距离通信。

②任务组 TG2：制定 IEEE802.15.2 标准，研究 IEEE802.15.1 与 IEEE802.11（无线局域网标准，WLAN）的共存问题。

③任务组 TG3：制定 IEEE802.15.3 标准，研究高传输速率无线个人区域网络标准。该标准主要考虑无线个人区域网络在多媒体方面的应用，追求更高的传输速率与服务品质。

④任务组 TG4：制定 IEEE 802.15.4 标准，针对低速无线个人区域网络 LR-WPAN（Low-rate Wireless Personal Area Network）制定标准。该标准把低能量消耗、低速率传输、低成本作为重点目标，旨在为个人或者家庭范围内不同设备之间的低速互联提供统一标准。任务组 TG4 定义的 LR-WPAN 网络的特征与无线传感网络有很多相似之处，很多研究机构把它作为无线传感网络的通信标准。

LR-WPAN 网络是一种结构简单、成本低廉的无线通信网络，它使得在低电能和低吞吐量的应用环境中使用无线连接成为可能。与 WLAN 相比，LR-WPAN 网络只需很少的基础设施，甚至不需要基础设施。IEEE 802.15.4 标准为 LR-WPAN 网络制定了物理层和 MAC 子层协议。

IEEE 802.15.4 标准定义的 LR-WPAN 网络具有如下特点：

①在不同的载波频率下实现了 20Kbps、40Kbps 和 250Kbps 这 3 种不同的传输速率；

②支持星型和点对点型两种网络拓扑结构；

③有 16 位和 64 位两种地址格式，其中 64 位地址是全球唯一的扩展地址；

④支持冲突避免的载波多路侦听 CSMA/CA（Carrier Sense Multiple Access with Collision Avoidance）技术；

⑤支持确认（ACK）机制，保证传输可靠性。

2.1.2　IEEE 802.15.4 网络拓扑

IEEE 802.15.4 网络是指在一个 POS 范围内使用相同无线信道并通过 IEEE 802.15.4 标准相互通信的一组设备的集合，又名 LR-WPAN 网络。在这个网络中，根据设备所具有的通信能力，可以分为全功能设备（Full Function Device，FFD）和精简功能设备

（Reduced Funciton Device，RFD）。FFD 设备之间以及 FFD 设备与RFD 设备之间都可以通信。RFD 设备之间不能直接通信，只能与FFD 设备通信，或者通过一个 FFD 设备向外转发数据。这个与RFD 相关联的 FFD 设备称为该 RFD 的协调器（Coordinator）。RFD设备主要用于简单的控制应用，如灯的开关、被动式红外线传感器等，传输的数据量较少，对传输资源和通信资源占用不多，正因为如此，RFD 设备可以采用非常廉价的实现方案。

在 IEEE 802.15.4 网络中，有一个称为 PAN 网络协调器（PANCoordinator）的 FFD 设备，是 LR-WPAN 网络中的主控制器。PAN网络协调器除了直接参与应用以外，还要完成成员身份管理、链路状态信息管理以及分组转发等任务。

无线通信信道的特征是动态变化的。节点位置或天线方向的微小改变、物体移动等周围环境的略微变化都有可能引起通信链路信号强度和质量的剧烈变化，因而无线通信的覆盖范围不是确定的，这就造成了 LR-WPAN 网络中设备的数量以及它们之间关系的动态变化。

根据应用的需求，IEEE 802.15.4 LR-WPAN 可以有两种网络拓扑结构：星型的拓扑结构和点对点型的拓扑结构，这两种拓扑结构如图 2-1 所示。星型拓扑结构由一个叫做 PAN 主协调器的中央控制器和多个从设备组成。主协调器必须是一个具有完整功能的设备。在实际应用中，应根据具体应用情况，采用不同功能的设备，合理地构造通信网络。在网络通信中，通常将这些设备分为起始设备或者终端设备，PAN 主协调器既可以作为起始设备、终端设备，也可以作为路由器，是 PAN 网络的主控制器。在任何一个拓扑网络上，所有设备都有一个唯一的 64 位长地址码，该地址可以在PAN 中用于直接通信，或者当设备之间已经存在连接时，可以将其转变为 16 位短地址码分配给设备。PAN 主协调器是主要的耗电设备，可以采用交流供电，而其他从设备经常采用电池供电。星型拓扑结构通常在家庭自动化、PC 外围设备、玩具、游戏以及个人健康检查方面得到应用。

在点对点型拓扑网络结构中，同样也存在一个 PAN 主设备，

31

但该网络不同于星型拓扑网络结构，该网络中的任何一个设备都可以与其通信范围内的其他设备进行通信。点对点型拓扑网络结构能够构成较为复杂的网络结构，如网状拓扑网络结构。这种点对点拓扑网络结构在工业监测和控制、无线传感网络、供应物资跟踪、农业智能化以及安全监控等方面都有广泛的应用。一个点对点网络路由协议既可以是基于 Ad-Hoc 技术，也可以是自组织式的和自恢复式的，在网络中各个设备之间发送消息时，可通过多个中间设备中继的传输方式进行传输，即通常称为多跳的传输方式。每个独立的 PAN 都有一个唯一的标识符，利用 PAN 标识符，可以使用短地址进行网络设备间的通信，并且可激活 PAN 网络设备之间的通信。

（1）星型网络结构的形成

图 2-1(a)描述了星型(Star)网络的基本结构。当一个具有完整功能的设备被激活之后，它就会建立一个自己的网络，自身则成为一个 PAN 主协调器。所有星型网络的操作独立于当前其他星型网络的操作，这就说明了在星型网络结构中只有一个唯一的 PAN 主协调器，通过选择一个 PAN 标识符确保网络的唯一性。一旦选定了 PAN 标识符，PAN 主协调器就会允许其他设备加入到其网络中，无论是具有完整功能的设备还是简化功能的设备，都可以加入到这个网络中。

（2）点对点型网络拓扑结构的形成

图 2-1(b)描述了点对点(Point-to-Point)的基本结构。在点对点拓扑结构中，每个设备都可以与在无线通信范围内的其他任何设备进行通信。任何一个设备都可以定义为 PAN 主协调器，例如，可将信道中第一个通信的设备定义为 PAN 主协调器。未来的网络结构可能不仅仅局限为点对点型拓扑结构，对拓扑结构进行限制也是可能的。

例如，树簇(Cluster Tree)拓扑结构是点对点网络拓扑结构的一种应用形式，在点对点网络中的设备可以为完整功能设备，也可以为简化功能设备。而在树簇中的大部分设备是 FFD，RFD 只能作为一个叶节点连接在树簇拓扑结构树枝的末尾处，这主要是由于 RFD 一次只能连接一个 FFD。任何一个 FFD 都可以作为主协调器，

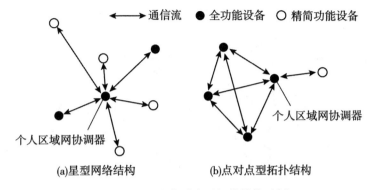

图 2-1 星型和点对点型拓扑结构示例

并且能为其他从设备或主设备提供同步服务。在整个 PAN 中，只要该设备相对于 PAN 中的其他设备具有更丰富的计算资源，这样的设备都可以成为该 PAN 的主协调器。在建立一个 PAN 时，首先，PAN 主协调器将自身设置为一个簇标识符（CID）为 0 的簇头，然后，选择一个没有使用的 PAN 标识符，并向邻近的其他设备以广播的方式发送信标帧，从而形成第一簇网络。接收到信标帧的候选设备可以在簇头中请求加入该网络，如果 PAN 主协调器允许该设备加入，那么主协调器会将该设备作为节点加入到邻近表中，成为该网络的一个从设备，同时，请求加入的设备将 PAN 协调器作为它的父节点加到邻近列表中，成为该网络的一个从设备，开始发送周期性的信标帧，其他的候选设备也可以在这台刚加入的设备上加入该网络。如果原始的候选不能加入到该网络中，那么它将寻找其他的父节点。

最简单的网络结构是只有一个簇的网络，但是多数网络结构由多个相邻的网络构成。一旦第一簇满足预定的应用或网络需求时，PAN 主协调器将会指定一个从设备为另一簇新网络的簇头，使得该从设备成为另一个 PAN 的主协调器，随后其他的从设备将逐个加入，形成一个多簇网络，如图 2-2 所示。（注：图 2-2 中直线表示设备间的父子关系而不是通信流）

多簇网络结构的优点在于增加网络的覆盖范围，但会带来增加

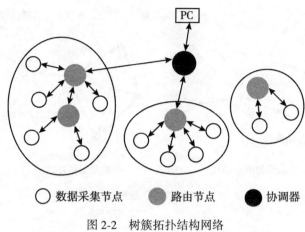

数据采集节点　　　　路由节点　　　　协调器

图 2-2　树簇拓扑结构网络

传输信息的延迟时间和加大网络中数据传输的冗余等问题。

2.1.3　IEEE 802.15.4 层次结构

　　IEEE 802.15.4 结构分成多个模块来定义，这些模块称为层（Layer）。每层负责完成所规定的任务，并且向上层提供服务。模块的划分基于开放式系统互联/参考模型 OSI/RM 7 层模式。各层之间的接口通过所定义的逻辑链路来提供服务。LR-WPAN 设备包含物理层和 MAC 层，物理层包括伴随着低等控制机制的射频收发机，MAC 层为各种传输提供到达物理通道的接口，图 2-3 是这些模块的图解。如图 2-3 所示，网络层提供网络配置、操作信息路由、应用层提供设备的既定功能。IEEE 802.2 类型逻辑链路控制层 LLC（Logical Link Control）能通过服务协议汇聚层 SSCS（Service Specification Convergence Sublayer）访问 MAC 层。

2.1.4　IEEE 802.15.4 结构

2.1.4.1　物理层
　　物理层定义了物理无线信道和 MAC 子层之间的接口，提供物理层数据服务和物理层管理服务。物理层数据服务从无线物理信道

34

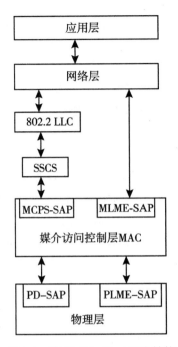

图 2-3　IEEE 802.15.4 层次结构

上收发数据，物理层管理服务维护一个由物理层相关数据组成的数据库。IEEE 802.15.4 物理层包括以下 5 个方面的功能：

①激活和休眠射频收发器；

②信道能量检测 ED(Energy Detect)；

③检测接收数据包的链路质量指示 LQI(Link Quality Indication)；

④闲信道评估 CCA(Clear Channel Assessment)；

⑤空收发数据。

信道能量检测 ED 为网络层提供信道选择依据，它主要测量目标信道中接收信号的功率强度，由于这个检测本身不进行解码操作，所以检测结果是有效信号功率和噪声信号功率之和。

链路质量指示 LQI 为网络层或应用层提供接收数据帧时无线信号的强度和质量信息，与信道能量检测不同的是，它要对信号进行解码，生成的是一个信噪比指标。这个信噪比指标和物理层数据单元一道提交给上层处理。

空闲信道评估 CCA 判断信道是否空闲，IEEE 802.15.4 定义了以下三种空闲信道评估模式：第一种简单判断信道的信号能量，当信号能量低于某一门限值就认为信道空闲；第二种是通过判断无线信号的特征，这个特征主要包括扩频信号特征和载波频率两个方面；第三种模式是前两种模式的综合，同时检测信号强度和信号特征，给出信道空闲判断。

（1）物理层的载波调制

IEEE 802.15.4 物理层定义了 3 个载波频段用于收发数据。在这 3 个频段上发送数据使用的速率、信号处理过程以及调制方式等方面存在一些差异。3 个频段总共提供了 27 个信道（Channel）：868MHz 频段 1 个信道，915MHz 频段 10 个信道，2.4GHz 频段 16 个信道，如图 2-4 所示。

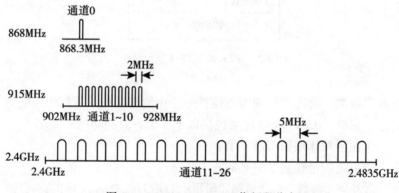

图 2-4　IEEE 802.15.4 工作频段分布

在 868MHz 和 915MHz 这两个频段上，信号处理过程相同，只是数据速率不同。处理过程如下：首先将物理层协议数据单元（PHY Protocol Data Unit，PPDU）的二进制数据差分编码，然后将差分编码后的每一位转换为长度为 15 的片序列（Chip Sequence），最后用二进制相移键控 BPSK（Binary Phase Shift Keying）调制到信道上。

差分编码是将数据的每一原始比特与前一个差分编码生成的比特进行异或运算：$E_n = R_n \oplus E_{n-1}$，其中 E_n 是差分编码的结果，R_n 为要编码的原始比特，E_{n-1} 是上一次差分编码的结果。对于每个发送的数据包，R_1 是第一个原始比特，计算 E_1 时假定 $E_0 = 0$。差分解码过程与编码过程类似：$R_n = E_n \oplus E_{n-1}$，对于每个接收到的数据包，E_1 是第一个需要解码的比特，计算 R_1 时假定 $E_0 = 0$。差分编码以后，接下来就是直接序列扩频。每一比特按表 2-1 中方法被转换为长度为 15 的片序列。扩频后的序列使用二进制相移键控 BPSK (Binary Phase Shift Keying)调制方式调制到载波上。

表 2-1 **868 MHz/915 MHz 频段的比特到片序列转换表**

输 入 比 特	片序列值(C0C1C2... C14)
0	1111 0101 1001 000
1	0000 1010 0110 111

2.4GHz 频段的处理过程为：首先将物理层协议数据单元 PPDU 二进制数据中的每 4 位转换为一个符号(Symbol)，然后将每个符号转换成长度为 32 的片序列。在把符号转换成片序列的时候，用的是符号在 16 个近似正交的伪随机噪声序列的映射表(表 2-2)，这是一个直接序列扩频的过程。扩频后，信号通过正交四相相移键控 O-QPSK(Offset Quadrature Phase Shift Keying)调制方式调制到载波上。

(2)物理层的帧结构

物理层的帧结构见表 2-3。

物理帧第一个字段是 4 个字节的前导码，收发器在接收前导码期间，会根据前导码序列的特征完成片同步和符号同步。帧起始分隔符 SFD (Start of Delimiter)字段长度为一个字节，其值固定为 0xA7，标识一个物理帧的开始。收发器接收完前导码后，只能做到数据的位同步，只有搜索起始分隔符 SFD 字段的值 0xA7 才能同

表 2-2　　　　　　　　**2.4GHz 频段的符号到片序列映射表**

数据符号(二进制)	片序列值(C0C1... C31)
0000	1101 1001 1100 0011 0101 0010 0010 1110
1000	1110 1101 1001 1100 0011 0101 0010 0010
0100	0010 1110 1101 1001 1100 0011 0101 0010
1100	0010 0010 1110 1101 1001 1100 0011 0101
0010	0101 0010 0010 1110 1101 1001 1100 0011
1010	0011 0101 0010 0010 1110 1101 1001 1100
0110	1100 0011 0101 0010 0010 1110 1101 1001
1110	1001 1100 0011 0101 0010 0010 1110 1101
0001	1000 1100 1001 0110 0000 0111 0111 1011
1001	1011 1000 1100 1001 0110 0000 0111 0111
0101	0111 1011 1000 1100 1001 0110 0000 0111
1101	0111 0111 1011 1000 1100 1001 0110 0000
0011	0000 0111 0111 1011 1000 1100 1001 0110
1011	0110 0000 0111 0111 1011 1000 1100 1001
0111	1001 0110 0000 0111 0111 1011 1000 1100
1111	1100 1001 0110 0000 0111 0111 1011 1000

表 2-3　　　　　　　　　**ZigBee 物理层帧格式**

4 字节	1 字节	1 字节		变　长
前导码	帧定界符 SFD	帧长度(7 位)	保留位(1 位)	物理层服务数据单元 PSDU
同步码		物理帧头		物理层 PHY 负载

步到字节上。帧长度由一个字节的低 7 位表示，其值就是物理帧负载的长度，因此，物理帧负载的长度不会超过 127 字节。物理帧的负载长度可变，称为物理服务数据单元 PSDU(PHY Service Data Unit)，一般用来承载 MAC 帧。

2.1.4.2 MAC层

在 IEEE 802 系列标准中，OSI 参考模型的数据链路层进一步划分为 MAC 和 LLC 两个子层。MAC 子层使用物理层提供的服务来实现设备之间的数据帧传输，而 LLC 层则是在 MAC 子层的基础上，在设备间提供面向连接和非连接的服务。

MAC 子层提供两种服务实体 MAC 层数据服务实体 MLDE（MAC Sublayer Data Entity）和 MAC 层管理服务实体 MLME（MAC Sublayer Management Entity）。前者保证 MAC 协议数据单元在物理层数据服务中的正确收发；后者维护一个存储 MAC 子层协议状态相关信息的数据库。IEEE 802.15.4 的 MAC 子层主要功能包括以下 6 个方面：

①协调器产生并发送信标帧，普通设备根据协调器的信标帧与协调器同步；

②支持 PAN 网络的关联（Association）和取消关联（Disassociation）操作；

③支持无线信道通信安全；

④使用 CSMA/CA 机制访问信道；

⑤支持时槽保障（Guaranteed Time Slot，GTS）机制；

⑥支持不同设备的 MAC 层间可靠传输。

关联操作是指一个设备在加入一个特定网络时，向协调器注册以及身份认证的过程。LR-WPAN 网络中的设备有可能从一个网络切换到另一个网络，这时就需要进行关联和取消关联操作。

时槽保障机制和时分复用（Time Division Multiple Access，TDMA）机制相似，但它可以动态地为有收发请求的设备分配时槽。使用时槽保障机制需要设备间的时间同步，IEEE 802.15.4 中的时间同步通过下面介绍的"超帧"机制实现。

（1）超帧

在 IEEE 802.15.4 中，可以选用以超帧为周期组织 LR-WPAN 网络内设备间的通信。超帧结构示意图如图 2-5 所示。

每个超帧都以网络协调器发出的信标帧（Beacon）为始，在这个信标帧中包含了超帧将持续的时间以及对这段时间的分配等信息。

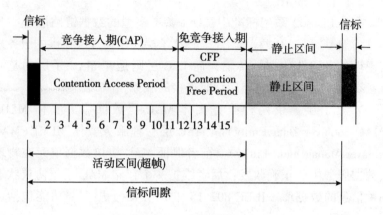

图 2-5　超帧结构

网络中普通设备接收到超帧开始时的信标帧后，就可以根据其中的内容安排自己的任务，例如，进入休眠状态直到这个超帧结束。

　　超帧将通信时间划分为活跃和不活跃两个部分。在不活跃期间，PAN 网络中的设备不会相互通信，从而可以进入休眠状态以节省能量。超帧将活跃期间划分为以下 3 个阶段：信标帧发送时段、竞争访问时段（Contention Access Period，CAP）和非竞争访问时段（Contention-free Period，CEP）。超帧的活跃部分被划分为 16 个等长的时槽，每个时槽的长度、竞争访问时段包含的时槽数等参数，都由协调器设定，并通过超帧开始时发出的信标帧广播到整个网络。

　　在超帧的竞争访问时段，IEEE 802.15.4 网络设备使用带时槽的 CSMA/CA 访问机制，并且任何通信都必须在竞争访问时段结束前完成。在非竞争时段，协调器根据上一个超帧 PAN 网络中设备申请 GTS 的情况，将非竞争时段划分成若干个 GTS。每个 GTS 由若干个时槽组成，时槽数目在设备申请 GTS 时指定。如果申请成功，申请设备就拥有了它指定的时槽数目。每个 GTS 中的时槽都指定分配给了时槽申请设备，因而不需要竞争信道。IEEE 802.15.4 标准要求任何通信都必须在自己分配的 GTS 内完成。

　　超帧中规定非竞争时段必须跟在竞争时段后面。竞争时段的功能包括网络设备可以自由收发数据，域内设备向协调器申请 GTS

时段，新设备加入当前 PAN 网络等。非竞争阶段由协调器指定的设备发送或者接收数据包。如果某个设备在非竞争时段一直处在接收状态，那么拥有 GTS 使用权的设备就可以在 GTS 阶段直接向该设备发送信息。

（2）数据传输模型

LR-WPAN 网络中存在着 3 种数据传输方式：设备发送数据给协调器、协调器发送数据给设备、对等设备之间的数据传输。星型网络结构中只存在前两种数据传输方式，因为数据只在协调器和设备之间交换；而在点对点拓扑网络中，3 种数据传输方式都存在。

LR-WPAN 网络中，有两种通信模式可供选择：信标使能通信和信标不使能通信。

在信标使能的网络中，PAN 网络协调器定时广播标帧。信标帧表示超帧的开始。设备之间通信使用基于时槽的 CSMA/CA 信道访问机制，PAN 网络中的设备都通过协调器发送的信标帧进行同步。在时槽 CSMA/CA 机制下，每当设备需要发送数据帧或命令帧时，它首先定位下一个时槽的边界，然后等待随机数目个时槽。等待完毕后，设备开始检测信道状态：如果信道忙，设备需要重新等待随机数目个时槽，再检查信道状态，重复这个过程直到有空闲信道出现。在这种机制下，确认帧的发送不需要使用 CSMA/CA 机制，而是紧跟着接收帧发送回源设备。

在信标不使能的通信网络中，PAN 网络协调器不发送信标帧，各个设备使用非分时槽的 CSMA/CA 机制访问信道。该机制的通信过程如下：每当设备需要发送数据或者发送 MAC 命令时，它首先等候一段随机长的时间，然后开始检测信道状态；如果信道空闲，该设备立即开始发送数据；如果信道忙，设备需要重复上面的等待一段随机时间和检测信道状态的过程，直到能够发送数据。在设备接收到数据帧或命令帧而需要回应确认帧的时候，确认帧应紧跟着接收帧发送，而不使用 CSMA/CA 机制竞争信道。

（3）MAC 帧结构

MAC 帧结构的设计目标是用最低复杂度实现在多噪声无线信道环境下的可靠数据传输。每个 MAC 子层的帧都由帧头、负载和帧尾这 3 个部分组成。帧头由帧控制信息、帧序列号和地址信息组成。MAC 子层负载具有可变长度，具体内容由帧类型决定。帧尾是帧头和负载数据的 16 位 CRC 校验序列。

在 MAC 子层中设备地址有两种格式：16 位(2 个字节)的短地址和 64 位(8 个字节)的扩展地址。16 位短地址是设备与 PAN 网络协调器关联时，由协调器分配的网内局部地址；64 位扩展地址是全球唯一地址，在设备进入网络之前就分配好了。16 位短地址只能保证在 PAN 网络内部是唯一的，所以在使用 16 位短地址通信时需要结合 16 位的 PAN 网络标识符才有意义。两种地址类型的地址信息的长度是不同的，从而导致 MAC 帧头的长度也是可变的。一个数据帧使用哪种地址类型由帧控制字段的内容指示。在帧结构中没有表示帧长度的字段，这是因为在物理层的帧里面有表示 MAC 帧长度的字段，MAC 负载长度可以通过物理层帧长和 MAC 帧头的长度计算出来。

IEEE 802.15.4 网络共定义了 4 种类型的帧：信标帧、数据帧、确认帧和命令帧。

1) 信标帧

信标帧的负载数据单元由 4 部分组成：超帧规范、保护时隙 GTS(Guaranteed Time Slot)分配字段、待转发数据的目标地址字段和信标帧的负载数据，见表 2-4。

表 2-4 信 标 帧

2 字节	1	4/10	2	变长	变长	变长	2
帧控制	序列号	寻址域	超帧规范	GTS	目标地址	负载	FCS
MAC 帧首			MAC 负载				MAC 帧尾

①信标帧中超帧规范规定了这个超帧的持续时间、活跃部分持续时间以及竞争访问时段持续时间等信息。

②GTS 分配字段将无竞争时段划分为若干个 GTS，并把每个 GTS 具体分配给某个设备。

③转发数据目标地址列出了与协调器保存的数据相对应的设备地址。一个设备如果发现自己的地址出现在待转发数据目标地址字段里，则意味着协调器存有属于它的数据，所以它就会向协调器发出请求传送数据的命令帧。

④信标帧负载数据为上层协议提供数据传输接口。例如，在使用安全机制的时候，这个负载域将根据被通信设备设定的安全通信协议填入相应的信息。通常情况下，这个字段可以忽略。

在信标不使能网络里，协调器在其他设备的请求下也会发送信标帧。此时信标帧的功能是辅助协调器向设备传输数据，整个帧只有待转发数据目标地址字段有意义。

2) 数据帧

数据帧用来传输上层发到 MAC 子层的数据，它的负载字段包含了上层需要传送的数据。数据负载传送至 MAC 子层时，被称为 MAC 服务数据单元。它的首尾被分别附加了 MHR 头信息和 MFR 尾信息后，就构成了 MAC 帧，见表 2-5。

表 2-5
数 据 帧

2 字节	1	4/10	变长	2
帧控制	序列号	寻址域	数据负载	FCS
MAC 帧首			MAC 负载	MAC 帧尾

MAC 帧传送至物理层后，就成为了物理帧的负载 PSDU。PSDU 在物理层被"包装"，其首部增加了同步信息 SHR 和帧长度字段 PHR 字段。同步信息 SHR 包括用于同步的前导码和 SFD 字段，它们都是固定值。帧长度字段的 PHR 标识了 MAC 帧的长度，为一个字节长而且只有其中的低 7 位有效位，所以 MAC 帧的长度不会超过 127 个字节。

3) 确认帧

如果设备收到目的地址为其自身的数据帧或 MAC 命令帧，并且帧的控制信息字段的确认请求位被置 1，设备需要回应一个确认帧。确认帧的序列号应该与被确认帧的序列号相同，并且负载长度应该为零。确认帧紧接着被确认帧发送，不需要使用 CSMA/CA 机制竞争信道，其帧格式见表 2-6。

表 2-6　　　　　　　　　　确　认　帧

2 字节	1	2
帧控制	序列号	FCS
MAC 帧首		MAC 帧尾

4）命令帧

MAC 命令帧用于组建 PAN 网络、传输同步数据等。目前定义好的命令帧主要完成以下 3 方面的功能：把设备关联到 PAN 网络、与协调器交换数据、分配 GTS。命令帧在格式上和其他类型的帧没有太多的区别，只是帧控制字段的帧类型位有所不同。帧头的帧控制字段的帧类型为 011B(B 表示二进制数据)，表示这是一个命令帧。命令帧的具体功能由帧的负载数据表示。负载数据是一个变长结构，所有命令帧负载的第一个字节是命令类型字节，后面的数据针对不同的命令类型有不同的含义，帧格式见表 2-7。

表 2-7　　　　　　　　　　命令帧格式

2 字节	1	4/10	1	变长	2
帧控制	序列号	寻址域	命令帧标识	命令负载	FCS
MAC 帧首			MAC 负载		MAC 帧尾

(4) 安全服务

IEEE 802.15.4 提供的安全服务是在应用层已经提供密钥的情况下的对称密钥服务。密钥的管理和分配都由上层协议负责。这种机制提供的安全服务基于这样的一个假定：即密钥的产生、分配和存储都在安全的方式下进行。在 IEEE 802.15.4 中，以 MAC 帧为单位提供了 4 种帧安全服务，为了适用各种不同的应用，设备可以在 3 种安全模式中进行选择。

1)帧安全

MAC 子层可以为输入输出的 MAC 帧提供安全服务。提供的安全服务主要包括以下 4 种:访问控制、数据加密、帧完整性检查和顺序更新。

访问控制提供的安全服务是确保一个设备只和它愿意通信的设备通信。在这种方式下,设备需要维护一个列表,记录它希望与之通信的设备。

数据加密服务使用对称密钥来保护数据,防止第三方直接读取数据帧信息。在 LR-WPAN 网络中,信标帧、命令帧和数据帧的负载均可使用加密服务。

帧完整性检查是指通过一个不可逆的单向算法对整个 MAC 帧运算,生成一个消息完整性代码,并将其附加在数据包的后面发送。接收方用同样的过程对 MAC 帧进行运算,对比运算结果和发送端给出的结果是否一致,以此判断数据帧是否被第三方修改。信标帧、数据帧和命令帧均可使用帧完整性检查保护。

顺序更新是指使用一个有序编号避免帧重发攻击。接收到一个数据帧后,新编号要与最后一个编号比较。如果新编号比最后一个编号新,则校验通过,编号更新为最新的;反之,校验失败。这项服务可以保证收到的数据是最新的,但不提供严格的与上一帧数据之间的时间间隔信息。

2)安全模式

在基于 802.15.4 网络中,设备可以根据自身需要选择不同的安全模式:无安全模式、访问控制列表 ACL(Access Control List)模式和安全模式。

无安全模式是 MAC 子层默认的安全模式。处于这种模式下的设备不对接收到的帧进行任何安全检查。当某个设备接收到一个帧时,只检查帧的目的地址。如果目的地址是本设备地址或广播地址,这个帧就会转发给上层,否则丢弃。在设备被设置为混杂模式的情况下,它会向上层转发所有接收到的帧。

访问控制列表 ACL 模式为通信提供了访问控制服务。高层可以通过设置 MAC 子层的 ACL 条目指示 MAC 子层根据源地址过滤接收到的帧。因此，在这种方式下 MAC 子层没有提供加密保护，高层有必要采取其他机制来保证通信的安全。

安全模式则是对接收或发送的帧提供全部的 4 种安全服务：访问控制、数据加密、帧完整性检查和顺序更新。

2.2　IPv6 协议

IPv6 是 Internet Protocol Version 6 的缩写，它是 IETF 设计的用于替代现行版本 IPv4 协议的下一代 IP 协议。目前，全球因特网所采用的协议是 TCP/IP 协议簇。IP 是 TCP/IP 协议簇中网络层的协议，是 TCP/IP 协议簇的核心协议。当前，IPv6 正处在不断发展和完善的过程中，在不久的将来它将取代目前被广泛使用的 IPv4，每个人包括每个嵌入式设备都可拥有一个或者多个 IP 地址。

2.2.1　IPv6 的特点

与 IPv4 协议相比，IPv6 协议具有以下突出特点：

①128 比特地址方案，为将来数十年提供了足够的 IP 地址；

②巨大的地址空间为数十亿设备，如 PDA、蜂窝设备和 802.11 系统，提供了全球唯一地址；

③多等级层次有助于路由聚合，提高了路由选择到因特网的效率和可扩展性，使具有严格路由聚合的多点接入成为可能；

④自动配置过程允许 IPv6 网络中的节点配置它们自己的 IPv6 地址；

⑤重新编址机制使得 IPv6 提供商之间的转换对最终使用者是透明的；

⑥ARP 广播被本地链路的多播替代；

⑦IPv6 的包头比 IPv4 的包头更有效率，数据字段更少，支持了包头的校验和；

⑧新的扩展包头替代了 IPv4 包头的选项字段，并且提供了更多的灵活性；

⑨IPv6 被设计为比 IPv4 协议能更有效地处理移动性和安全机制；

⑩为 IPv6 设计了许多过渡机制，允许从 IPv4 网络平稳地向 IPv6 网络过渡。

如果说 IPv4 实现的只是人机对话，而 IPv6 则可以扩展到任意事物之间的对话，它不仅可以为人类生活服务，还将服务于众多硬件设备，如家用电器、传感器、远程照相机、汽车等，它将是无时不在、无处不在地深入社会每个角落的真正的宽带网。

2.2.2　IPv6 地址与配置

IPv4 的地址长度为 32 比特，可编址的节点数是 232，也就是 4，294，967，296，按世界人口总数为 60 亿计算，约 3 个人有 2 个 IPv4 地址。IPv6 的地址长度为 128 位，可以分配 2^{128} 个 IP 地址，IPv6 使得几乎每种设备都有一个全球的、可达的地址：计算机、智能手机、电视机、洗衣机、电冰箱、微波炉、照相机、空调、热水器以及各种可穿戴设备、无线传感节点等。

在 IPv6 这个较大的地址空间可以使用多层等级结构，如图 2-6 所示，每一台都有助于聚合 IP 地址空间，增强地址分配功能。提供商和组织机构可以有层次有等级地管理其所辖范围内地址的分配。

较大的 IPv6 地址空间使得其足以给 ISP 和组织机构分配大块的地址，给组织机构的整个网络一个足够大的前缀，能够使它只使用一个前缀，而且 ISP 可以把它所有客户的前缀路由聚合一个前缀并发布给 IPv6 因特网。如图 2-7 所示，ISPB 向 IPv6 因特网公告它能够路由网络的网络为 2001:420::/35，这个网络包含分配给客户 B1 的 IPv6 空间和客户 B2 的 IPv6 空间。ISPA 向 IPv6 网络公告它能够路由网络的网络为 2001:410::/35，包括了 A1 和 A2 使用者网络。

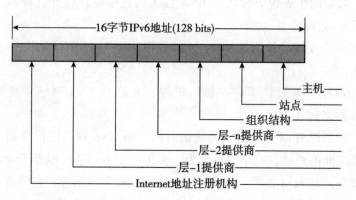

图 2-6　IPv6 地址分配

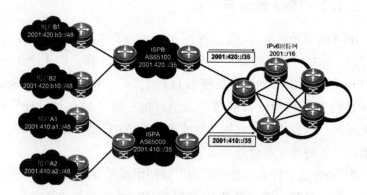

图 2-7　IPv6 地址聚合

　　这些路由聚合促进了高效的和可扩展的路由选择。使用 IPv6 拥有很多的地址空间，能够为一个组织同时使用多个前缀。一个连接到几个 ISP 的组织得到这些 ISPIPv6 地址空间的部分前缀，这允许不破坏全球路由表而实现多点接入，目前这在 IPv4 中是不可能的。如图 2-8 所示，多点接入的客户连接到 ISPA 和 ISPB，分别为它们分配了网络 2001：420：b3::/48 和 2001：410：a1::/48。ISPA 和 ISPB 向 IPv6 因特网公告它们的/35 前缀。

　　用 IPv4 进行多点接入显然是可以的，但是它对全球因特网路

图 2-8　IPv6 地址多点接入

由表有影响，因为相同的网络前缀可能被不同的自治系统 AS
（Autonomous System）公告出去。

自动配置是 IPv6 自带的新功能，由于具有比较大的地址空间，
IPv6 被设计成能够在保持全球唯一性的同时自动配置设备上的地
址，如图 2-9 所示，一个在相同本地链路上的 IPv6 路由器发送网
络类型信息，本地链路上的所有 IPv6 主机监听这个信息，然后自
己配置它们的 IPv6 地址和默认路由器，自动配置是一种机制，每
一个 IPv6 主机和服务器将链路层地址以 EUI-64 的格式附加在全局
唯一单播 IPv6 地址前缀的后面。

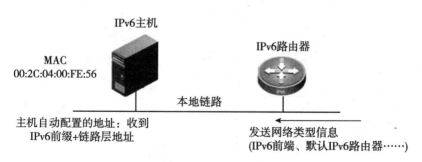

图 2-9　IPv6 自动地址配置

在 IPv4 网络中，使用第 2 层 MAC 地址的 ARP 广播对网络而
言效率低下，每一次广播请求送往本地链路，即使只有一两个节点

与此有关，也会导致在此链路上的每台计算机至少产生一个中断。在某种情况下，广播能完全中止整个网络，这就是广播风暴，如图 2-10 所示。

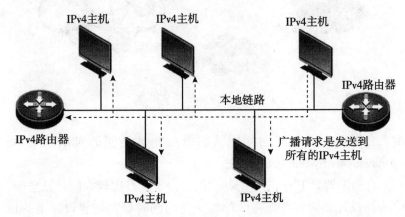

图 2-10 IPv4 中的 ARP 广播

IPv6 网络中不使用 ARP 广播，而用多播代替，如图 2-11 所示。

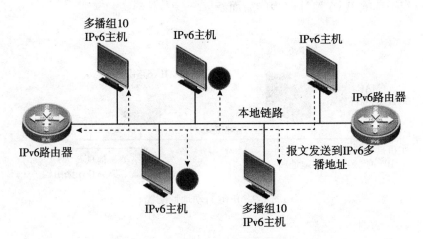

图 2-11 IPv6 中的多播

通过不同的功能使用不同的和特殊的多播组，把广播请求发布到尽可能少的计算机，从而有效地利用网络。

IPv6 的数据包头比 IPv4 的数据包头简单，IPv4 包头的 6 个字段在 IPv6 包头中被去掉了，IPv4 包头加上选项和填充字段有 14 个字段。IPv6 字段有 8 个字段，基本的 IPv6 包头大小为 40 个字节。IPv4 包头不带选项和填充字段是 20 个字节。基本的 IPv6 包头长度固定，IPv4 包头在使用选项字段时可以是变长的。

较少的 IPv6 包头字段和固定的长度意味着路由器转发 IPv6 数据耗费较少的 CPU 时钟周期，这直接有益于网络性能。

对于 IPv6，移动性是协议内置的，而不像 IPv4 那样是一个附加的新功能，这意味着任何 IPv6 节点在需要时都能够使用移动 IP，移动 IPv6 使用下列 IPv6 扩展包头：

①路由选择扩展包头，为注册使用；

②目的地址扩展包头，用于在移动节点和通信节点间传输数据包。

2.2.3　IPv6 报文结构

IPv6 数据报包括一个主首部和多个扩展首部。IPv6 数据报的整体结构和数据报结构功能描述如图 2-12 所示和见表 2-8。

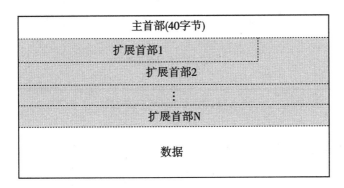

图 2-12　IPv6 数据报结构

表 2-8　　　　　　　　**IPv6 数据报结构功能描述**

组成部分	每个数据报包含的数量	长度/字节	描　述
主首部	1	40	包含源地址和目的地址，和每个数据报都需要的重要信息
扩展首部	0 或多个	可变	每个包含一种额外信息以支持不同特性，包括分片、源路由、安全和选项
数据	1	可变	来自上层的需要被数据报传输的有效载荷

每一个数据报都必须有 IPv6 主首部，包含寻址和控制信息，这些信息用来管理数据报的处理和路径选择，如图 2-13 所示。

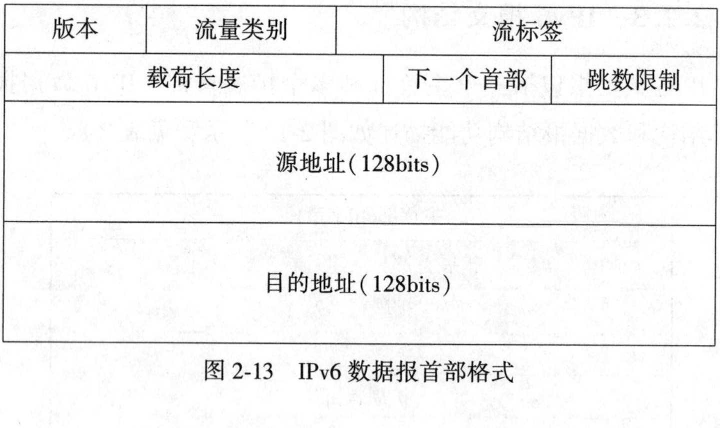

版本	流量类别	流标签	
载荷长度		下一个首部	跳数限制
源地址（128bits）			
目的地址（128bits）			

图 2-13　IPv6 数据报首部格式

①版本号：长度为 4 bits，标识了用于产生数据报的 IP 版本号，其使用与 IPv4 的使用相同，但值为 6(二进制是 0110)。
②流量类型：长度为 1 字节，8 bits，该字段取代了 IPv4 首部的服务类型(TOS)字段，其使用方法与 TOS 字段的初始定义(优先

级分为 D、T 和 R 比特)不同。它使用 RFC 2474 中定义的新的区分服务(DS)方法，该文档实际说明了 IPv4 和 IPv6 中的服务质量(QoS)技术。端节点通过这个字段生成各种类别和优先级的流量，中间节点根据每个流量类别来转发分组，默认情况下，源节点会将流量类别字段设置为 0，但不管开始是否将其设置为 0，在通往目标节点的途中，这个字段都可能会被修改。

③流标签：长度为 20 bits，这个字段是为了给实时数据报交付和 QoS 特性提供更多的支持，RFC 2460 定义了流的概念，从一个源设备到一个或多个目的设备的一系列数据报，唯一的流标签用来标记某个特定流中的所有数据报，使源到目的地的路由器对它们进行相同的处理，这样能够保证流中数据报交付的一致性，例如，一个视频流通过 IP 互联网络发送，包含流的数据报用流标签标识，从而保证交付的低时延，并不是所有的设备和路由器都支持流标签，对源设备，该字段是可选的，并且该字段处于实验阶段，可能会随时间的变化而进行改进。

④载荷长度：长度为 2 字节，该字段代替了 IPv4 首部中的总长度字段，但作用不同，该字段只包括载荷的字节数，而不是整个数据报的长度。但是，如果包含扩展首部时，其长度也包含在内，简而言之，该字段描述的是整个数据报的长度减去 40 字节的主首部。

⑤下一首部：长度 1 字节，该字段代替了 IPv4 中的协议字段并有两个用途，当数据有扩展首部时，该字段指明第一个扩展首部的标识，即数据报下一个首部。尽管 IPv6 版的通用协议用了新数值编号，但是如果数据报只包含主首部而没有扩展首部，其作用和取值与 IPv4 的协议字段相同。

⑥跳数限制：长度 1 字节，代替了 IPv4 首部中的生存时间(TTL)字段，该名字更好地反映了 TTL 在现代网络中的用途(因为 TTL 实际上用于记录跳数，不是时间)。

⑦源地址：长度 16 字节，数据报源的 128 bits IP 地址。

⑧目的地址：长度 16 字节，数据报目的接收方的 128 bits IP 地址。图 2-14 是采集到的 IPv6 报文示例。

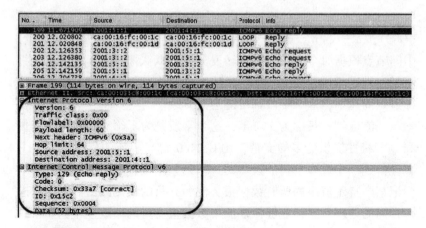

图 2-14 IPv6 采集报文

2.3 6LoWPAN 标准

2.3.1 6LoWPAN 概述

6LoWPAN 是 IPv6 over Low-power Wireless Personal Area Network 的简写，即基于 IPv6 的低速无线个域网。IETF 组织于 2004 年 11 月正式成立了 IPv6 over LR_WPAN（6LoWPAN）工作组，着手制定基于 IPv6 的低速无线个域网标准，旨在将 IPv6 引入以 IEEE 802.15.4 为底层标准的无线个域网。工作组的研究重点为适配层、路由、包头压缩、分片、IPv6、网络接入和网络管理等技术。该工作组已经完成了两个 RFC：《概述、假设、问题陈述和目标》（RFC 4919：2007—08）和《基于 IEEE 802.15.4 的 IPv6 报文传送》（RFC 4944：2007—09）。6LoWPAN 技术是一种在 IEEE 802.15.4 标准基础上传输 IPv6 数据包的网络体系，可用于构建无线嵌入式互联网。

6LoWPAN 规定其物理层和 MAC 层采用 IEEE 802.15.4 标准，上层采用 TCP/IPv6 协议栈，其与 TCP/IP 对比的参考模型如图 2-15所示。

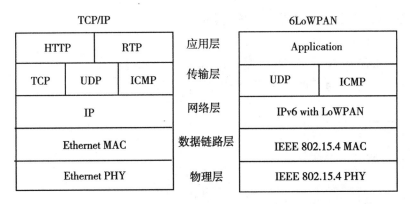

图 2-15　6LoWPAN 与 TCP/IP 参考模型对比

6LoWPAN 协议栈参考模型与 TCP/IP 的参考模型大致相似，区别在于 6LoWPAN 底层使用的是 IEEE 802.15.4 标准，而且因其低速无线个域网的特性，在 6LoWPAN 的传输层没有使用 TCP 协议。

LoWPAN 网络是由符合 IEEE 802.15.4 标准的设备组成，具有低速率、低功耗、低成本等特点。根据 802.15.4 标准，LoWPAN 网络具有以下特点：

- 传输报文小；
- 支持 IEEE16 比特短 MAC 地址和 64 比特扩展 MAC 地址；
- 传输带宽窄；
- 网络拓扑结构为网状或星型；
- 设备功耗低；
- 设备成本低；
- 设备数量大；
- 设备位置不确定或不易到达；
- 设备可靠性差；
- 设备可能长时间处于睡眠状态。

2.3.2　6LoWPAN 的功能目标

为实现低功耗无线嵌入式网络与 IP 网络的直接报文交换，

55

6LoWPAN 需要完成如下功能目标：

（1）IP 连通

LoWPAN 网络需要大量的网络地址，同时网络设备能够自动配置地址，并与其他 IP 网络实现互通，如图 2-16 所示。

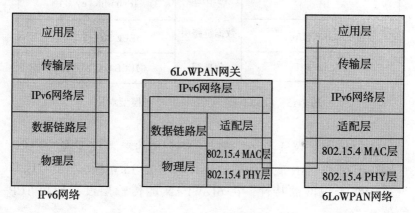

图 2-16　6LoWPAN 与 IP 网络连通

（2）拓扑结构

LoWPAN 网络能够支持各种网络拓扑，包括网状型和星型拓扑。无论是多跳路由的网状型拓扑还是星型拓扑，其中的部分节点设备要具有包转发能力，并与采用其他技术的网络实现无缝整合。因此，优先考虑使用 IP 协议。

（3）包长裁剪

由于 IEEE 802.15.4 帧长的限制，LoWPAN 网络要求减少过多的报文分片和重组，要求控制协议报文能够在一个独立的 IEEE 802.15.4 格式的帧上承载。

（4）配置和管理

由于 LoWPAN 网络设备数量多、性能有限且位置可能不易到达，因此，要求协议配置要简单，易于启动，并具有自我诊断能力。网络管理要尽可能少的开销，并具有管理大量设备的能力。

（5）业务发现

LoWPAN 网络需要简单的业务发现协议去发现、控制和维护设备提供的业务。

（6）安全

LoWPAN 网络需要一个全面的安全解决方案，而不仅仅是 IEEE 802.15.4 中要求的 AES(Advanced Encryption Standard)技术。

2.3.3　6LoWPAN 关键技术

为了更好地实现 IPv6 网络层与 IEEE 802.15.4 MAC 层之间的连接，6LoWPAN 在它们之间加入了适配层以实现屏蔽底层硬件对 IPv6 网络层的限制。6LoWPAN 的参考模型如图 2-17 所示。

应用层
传输层
IPv6 网络层
6LowPAN 适配层
IEEE 802.15.4 MAC 层
IEEE 802.15.4 物进层

图 2-17　6LoWPAN 的参考模型

适配层是 IPv6 网络和 IEEE 802.15.4 MAC 层间的一个中间层，其向上提供 IPv6 对 IEEE 802.15.4 媒介访问支持，向下则控制 LoWPAN 网络构建、拓扑及 MAC 层路由。6LoWPAN 的基本功能，如链路层的分片和重组、头部压缩、组播支持、网络拓扑构建和地址分配等均在适配层实现。

2.3.4　适配层功能介绍

IPv6 规定的链路层最小 MTU 为 1 280 字节，对于不支持该 MTU 的链路层，协议要求必须提供对 IPv6 透明的链路层的分片和重组。而 IEEE 802.15.4 MAC 最大帧长仅为 127 字节，因此，适配层需要通过对 IP 报文进行分片和重组来传输超过 IEEE 802.15.4 MAC 层最大帧长的报文。由于最大 MTU、组播及 MAC 层路由等原因，

IPv6 不能直接运行在 IEEE 802.15.4 MAC 层之上，适配层将起到中间层的作用，同时提供对上下两层的支持，其主要功能如下：

(1)链路层的分片和重组

IPv6 规定数据链路层最小 MTU 为 1 280 字节，对于不支持该 MTU 的链路层，协议要求必须提供对 IPv6 透明的链路层的分片和重组。因此，适配层需要通过对 IP 报文进行分片和重组来传输超过 IEEE 802.15.4 MAC 层最大帧长(127 字节)的报文。

(2)头部压缩

在不使用安全功能的前提下，IEEE 802.15.4 MAC 层的最大 Payload(载荷)为 102 字节，而 IPv6 报文头部为 40 字节，再除去适配层和传输层(如 UDP)头部，将只有 50 字节左右的应用数据空间。为了满足 IPv6 在 IEEE 802.15.4 网络上的传输 MTU 分组，一方面可以通过分片和重组来传输大于 102 字节的 IPv6 报文，另一方面也需要对 IPv6 报文进行压缩来提高传输效率和节省节点能量。为了实现压缩，需要在适配层头部后增加一个头部压缩编码字段，该字段将指出 IPv6 头部哪些可压缩字段将被压缩，除了对 IPv6 头部以外，还可以对上层协议(UDP、ICMPv6)头部进行进一步压缩。

(3)组播支持

组播在 IPv6 中有非常重要的作用，IPv6 特别是邻居发现协议的很多功能都依赖于 IP 层组播。此外，无线嵌入式互联网的一些应用也需要 MAC 层广播的功能。IEEE 802.15.4 MAC 层不支持组播，但提供有限的广播功能，适配层利用可控广播洪泛的方式来在整个无线嵌入式互联网中传播 IP 组播报文。

(4)网络拓扑管理

从前文的图 2-1 中可以看出，IEEE 802.15.4 MAC 协议支持包括星型拓扑、树状型拓扑及点对点的 Mesh 拓扑等多种网络拓扑结构，但是 MAC 层协议并不负责这些拓扑结构的形成，它仅仅提供相关的功能性原语。因此，上层协议(适配层协议)必须以合适的顺序来调用相关原语，完成网络拓扑的形成，包括信道扫描、信道选择、队列的启动、接收子节点加入请求、分配地址等，通常可使用状态机来维护整个协议过程。

低功耗是 IEEE 802.15.4 协议特别显著方面，它提供了多种机制来达到省电的目的，如使用 Beacon 同步机制等。但是 IEEE 802.15.4 MAC 仅仅提供星型拓扑的 Beacon 同步机制，在这种拓扑中仅有 PAN Cordinato 发送 Beacon，但当采用复杂的拓扑，如树状型拓扑，将由若干的节点同时发送 Beacon，如果发送 Beacon 的节点之间不进行相应的协商，各个节点发送的 Beacon 报文可能在物理信道上产生碰撞，从而导致子节点无法正确收到 Beacon，使得子节点同步丢失。因此，适配层需要一定的机制对网络拓扑中各个节点的 Beacon 发送时间进行统一管理，以免使得 Beacon 产生碰撞，从而导致网络拓扑被破坏。

（5）地址分配

IEEE 802.15.4 标准对物理层和 MAC 层做了详细的描述，其中 MAC 层提供了功能丰富的各种原语，包括信道扫描、网络维护等。但 MAC 层并不负责调用这些原语来形成网络拓扑并对拓扑进行维护，因此，调用原语进行拓扑维护的工作将由适配层来完成。另外，6LoWPAN 中每个节点都是使用 EUI-64 地址标识符，但是一般的 LoWPAN 网络节点能力非常有限，而且通常会有大量的部署节点，若采用 64 bits 地址将占用大量的存储空间并增加报文长度，因此，更适合的方案是在 PAN 内部采用 16 bits 短地址来标识一个节点，这就需要在适配层来实现动态的 16 bits 短地址分配机制。

（6）路由协议

与网络拓扑构建和地址分配相同，IEEE 802.15.4 标准并没有定义 MAC 层的多跳路由。适配层将在地址分配方案的基础上提供两种基本的路由机制，即树状路由和网状路由。适配层是整个 6LoWPAN 的基础框架，6LoWPAN 的其他一些功能也是基于该框架实现的。整个适配层功能模块如图 2-18 所示。

2.3.5 适配层报文格式

由于 LowPAN 网络有报文长度小、低带宽、低功耗的特点，为了减小报文长度，适配层帧头部分为两种格式，即不分片和分片，分别用于数据部分小于 MAC 层 MTU（102 字节）的报文和大于 MAC

59

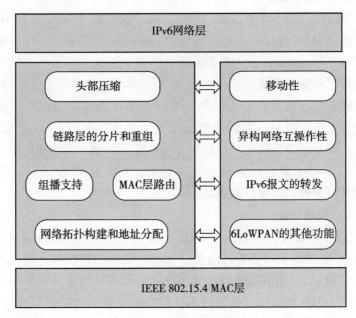

图 2-18　适配层功能模块

层 MTU 的报文。当 IPv6 报文要在 IEEE 802.15.4 链路上传输时，IPv6 报文需要封装在这两种格式的适配层报文中，即 IPv6 报文作为适配层的负载紧跟在适配层头部后面。特别是如果"M"或"B"bit 被置为 1 时，适配层头部后面将首先出现 MB 或 Broadcast 字段，IPv6 报文则将出现在这两个字段之后。

（1）不分片报文格式

LF	prot_type	M	B	rsv	Payload/MD/Broadcast Hdr

不分片头部格式的各个字段含义如下：

LF：链路分片（LinkFragment），占 2 bits。此处应为 00，表示使用不分片头部格式。

prot_type：协议类型，占 8 bits。指出紧随在头部后的报文类型。

M：MeshDelivery 字段标志位，占 1 bit。若此位置为 1，则适配层头部后紧随着的是"MeshDelivery"字段。

B：Broadcast 标志位，占 1 bit。若此位置为 1，则适配层头部后紧随着的是"Broadcast"字段。

rsv：保留字段，全部置为 0。

（2）分片报文格式

若一个包括适配层头部在内的完整负载报文不能够在一个单独的 IEEE 802.15.4 帧中传输时，需要对负载报文进行分片，此时适配层使用分片头部格式封装数据。分片头部格式如下：

LF	prot_type	M	B	rsv	Datagram_size	Datagram_tag
Payload/MD/Broadcast Hdr						

第一分片

LF	fragment_offset	M	B	rsv	Datagram_size	Datagram_tag
Payload/MD/Broadcast Hdr						

后继分片

分片头部格式的各个字段含义如下：

LF：链路分片（Link Fragment），占 2 bits。当该字段不为 0 时，指出链路分片在整个报文中的相对位置，其中具体定义如下：

LF	链路层分片位置
00	不分片
01	第一个分片
10	最后一个分片
11	中间分片

prot_type：协议类型，占 8 bits，该字段只在第一个链路分片

中出现。

M：Mesh Delivery 字段标志位，占 1 bit。若此位置为 1，则适配层头部后紧随着的是"MeshDelivery"字段。

B：Broadcast 标志位，占 1 bit。若此位置为 1，则适配层头部后紧随着的是"Broadcast"。若是广播帧，则每个分片中都应该有该字段。

datagram_size：负载报文的长度，占 11 bits，所以支持的最大负载报文长度为 2 048 字节，可以满足 IPv6 报文在 IEEE 802.15.4 上传输的 1 280 字节 MTU 的要求。

datagram_tag：分片标识符，占 9 bits，同一个负载报文的所有分片的 datagram_tag 字段应该相同。

fragment_offset：报文分片偏移，8 bits。该字段只出现在第二个以及后继分片中，指出后继分片中的 Payload 相对于原负载报文头部的偏移。

（3）分片和重组

当一个负载报文不能在一个单独的 IEEE 802.15.4 帧中传输时，需要对负载报文进行适配层分片。此时，适配层帧使用 4 字节的分片头部格式而不是 2 字节的不分片头部格式。另外，适配层需要维护当前的 fragment_tag 值并在节点初始化时将其置为一个随机值。

1）分片

当上层下传一个超过适配层最大 Payload 长度的报文给适配层后，适配层需要对该 IP 报文分片进行发送。适配层分片的判断条件为：负载报文长度+不分片头部长+MeshDelivery（或 Broadcast）字段长度+IEEE 802.15.4 MAC 层的最大 Payload 长度。在使用 16-bits 短地址并且不使用 IEEE 802.15.4 安全机制的情况下，负载报文的最大长度为 95 个字节：127-25（MAC 头部）-2（不分片头部）-5（MD 的长度）。适配层分片的具体过程如图 2-19 所示。

对于第一个分片：

将分片头部的 LF 字段设置为 01，表示是第一个分片。

Prot_type 字段置为上层协议的类型。若是 IPv6 协议，该字段

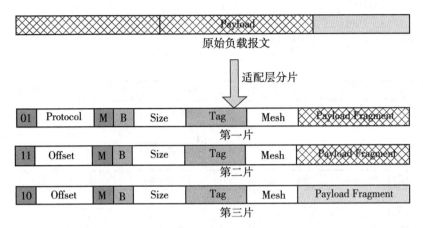

图 2-19 适配层分片的具体过程

置为 1。另外，由于是第一个分片，offset 必定为 0，所以在该分片中不需要 fragment_offset 字段。

用当前维护的 datagram_tag 值来设置 datagram_tag 字段；datagram_size 字段填写原始负载报文的总长度。

若需要在 Mesh 网络中路由，MeshDelivery 字段应该紧随在分片头部之后并在负载报文小分片之前。

对于后继分片：分片头部的 LF 字段设置为 11 或 10，表示中间分片或最后一分片。

fragment_offset 字段则设置为当前报文小分片相对于原负载报文起始字节的偏移，需要注意的是，这里的偏移是以 8 字节为单位的，因此，每个分片的最大负载报文小分片长度也必须是 8 字节边界对齐的，也就是说负载报文小分片的最大长度实际上只有 88 字节。

当一个被分片报文的所有小分片都发送完成后 datagram_tag 加 1，当该值超过 511 后应该翻转为 0。

当适配层收到一个分片后，根据以下两个字段判断该分片是属于哪个负载报文的：源 MAC 地址和适配层分片头部的 datagram_tag 字段。

2)重组

对于同一个负载报文的多个分片，适配层使用如下算法进行重组，其重组过程如图 2-20 所示。

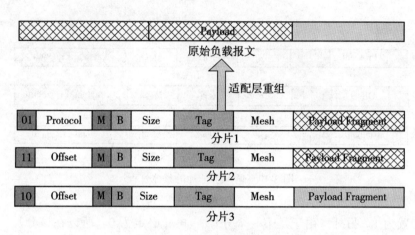

图 2-20　适配层的重组过程

①如果是第一次收到某负载报文的分片，则节点记录该分片的源 MAC 地址和 datagram_tag 字段以供后继重组使用。需要注意的是，这里的源 MAC 地址应该是适配层分片帧源发地址，若分片帧有 Mesh Delivery 字段，则源 MAC 地址应该是 Mesh Delivery 字段中的源地址(Originator Address)字段。

②若已经收到该报文的其他分片，则根据当前分片帧的 fragment_offset 字段进行重组。若发现收到的是一个重复但不重叠的分片，则应使用新收到的分片替换。若本分片和前后分片重叠，则应丢弃当前分片，这样做的目的主要是简化处理，认为若出现这种情况一定是发送方出现了错误，不应该继续接收。

③若成功收到所有分片，则将所有分片按 offset 进行重组，并将重组好的原始负载报文递交给上层。同时，还需要删除在步骤①中记录的源 MAC 地址和 datagram_tag 字段信息。

重组一个分片的负载报文时，需要使用一个重组队列来维护已经收到的分片以及其他一些信息(源 MAC 地址和 datagram_tag 字段)。同时,为了避免长时间等待未达到的分片,节点还应该在收到第一个分片后启动一个重组定时器,重组超时时间为 15s,定时器超时后,节点应该删除该重组队列中的所有分片及相关信息。

本 章 小 结

随着 IPv4 地址的耗尽,IPv6 是大势所趋。无线嵌入式互联网技术的应用和发展将进一步推动 IPv6 的部署与应用。IETF 6LoWPAN 取得的突破是得到一种非常紧凑、高效的 IP 实现,消除了以前造成各种专门标准和专有协议的因素。这在工业协议(BACNet、LonWorks、通用工业协议和监控与数据采集)领域具有特别的价值。这些协议最初开发是为了提供特殊行业特有的总线和链路(从控制器区域网总线到 AC 电源线)上的互操作。6LoWPAN 的出现使一些老协议(如以太网协议等)把它们的 IP 选择扩展到新的链路(如 IEEE 802.15.4)。因此,自然而然地可与专为 IEEE 802.15.4 设计的新协议(如 ZigBee、ISA100.11a 等)互操作。受益于此,各类低功率无线嵌入式设备能够加入 IP 家庭中,与 Wi-Fi、以太网以及其他类型的设备互相连通。无线嵌入式互联网必将随着这些新技术的出现广泛应用于智能家居、环境监测等多种无线嵌入式应用领域,使人们通过互联网实现对大规模的网络控制和嵌入式应用成为了可能。

第3章　无线嵌入式互联网的
移动与路由

当前，移动通信和 Internet 技术迅速发展并且相互渗透，各种功能强大的便携式终端不断涌现，使得人们对移动 IP 技术的需求也日益增强。移动 IP 技术是由 IETF 制定的用于解决主机或者其他可移动设备在移动过程中不中断通信的情况下接入网络的一种技术。随着 IP 网络的迅速发展，很多无线嵌入式设备不再局限于单一的、固定的 Internet 接入方式，而是希望能够提供灵活的上网方式。无线互联网的发展要求 IP 网络能够提供对移动性的良好支持。个人通信时代的到来，要求使用者在任何地方都可以利用自己的专有地址上网。在未来的 IPv6 网络中，网络节点的概念不只局限在传统的主机，还包括各种高速移动设备，如汽车、轻轨、高铁等地方的工作节点，加上 IPv6 对移动 IP 的良好支持，移动 IP 将会为无线嵌入式网络中的移动节点提供良好的解决方法。本章将主要讨论无线嵌入式互联网中工作节点移动与路由方面的问题。

3.1　移动

无线嵌入式互联网的移动包括以下两个方面的内容：一个是节点的移动，如果是采用 IP 寻址的方式进行移动连接，则称为移动 IP；另外一个则是网络的整体移动，以网络移动 NEMO(Network Mobility)最具代表性。

3.1.1　移动 IP

在 IP 网络环境下工作的节点，当其位置发生改变后，往往从以下两个方面进行：①改变节点的 IP 地址；②采用特定主机路由。但是前者如果节点移动到另一个网络的过程中通信正在进行，改变节点地址会造成通信的中断；后者将会带来路由表高度膨胀，这会给路由表的更新造成很大的负担，对路由查询极为不利。

移动 IP 协议是一种在 Internet 上提供移动功能的网络层方案，使节点在切换链路时不中断正在进行的通信。特别是移动 IP 提供了一种 IP 路由机制，使移动节点可以以一个永久的 IP 地址连接到任何链路上。不必改变地址就可以实现不间断的通信；不必采用主机路由，不会造成路由表的膨胀等问题；可以在多种媒介之间提供移动功能；可以实现任意大范围内对移动性的支持。

1992 年 6 月，由 IETF 的移动 IP 工作组开始制定，并于 1996 年 11 月公布了建议标准。主要内容包括下面的 RFC 文件：

- RFC-3344：定义了移动 IP 协议，最早是 RFC2002；
- RFC-2003、2004 和 1701：定义了移动 IP 中用到的 3 种隧道；
- RFC-2005：叙述了移动 IP 的应用；
- RFC-2344：定义了移动 IP 反向隧道，RFC-3024 则对之进行了修订；
- RFC-2006、2794、3012、3519、3543 等。

3.1.1.1 移动 IPv6 的基本术语

移动 IPv6 的一些基本术语如下：

- MN 移动节点(Mobile Node)：具备移动功能并且能够从一个网络链路移动到另一个网络链路而仍保持通信的节点。
- HA 家乡地址(Home Address)：移动节点在本节点从属网络上分配得到的 IP 地址。
- 家乡子网前缀：对应于移动节点家乡地址的 IP 子网前缀。
- HN 家乡网络(Home Network)：定义移动节点家乡子网前缀的网络。标准 IP 路由机制将发往移动节点的家乡地址的数据包发送到移动节点的家乡链路。
- FN 外地网络(Foreign Network)：对应于移动节点除了家乡网络以外的网络。

- CoA 转交地址(Care of Address)：由于移动节点的移动性，要想使通信顺利进行，移动节点还必须绑定另一个 IP 地址，这就是转交地址。发往移动节点的数据包由这个地址来转交。转交地址可以被认为是移动节点拓扑结构意义上的地址。转交地址的前缀是外地子网前缀。

- 绑定(Binding)：移动节点在外地网络中的家乡地址与转交地址的关联，在每个绑定中还有这个关联所剩余的"生存时间"等字段。

- HA 家乡代理(Home Agent)：移动节点家乡链路上的一个路由器，移动节点向其注册了当前的转交地址。当移动节点不在家乡时，家乡代理截获家乡链路上发往移动节点的数据包，进行封装后，通过隧道发送给移动节点注册的转交地址。

- CN 通信对端(Correspondent Node)：与移动节点进行通信的对端节点，该节点既可以是静止的，也可以是移动的。

- 回返路由过程(Return Routability Procedure)：该过程通过使用密钥标记交换来授权绑定过程：这个过程使通信对端节点可以获得某种程度上的保证：移动节点在它宣称的转交地址以及家乡地址上都是可达的。只有得到这种保证后，通信对端节点才能够接收从移动节点来的绑定更新，然后指示通信对端把数据报文转发到移动节点宣称的转交地址。这是通过测试发送到这两个宣称地址的报文能否到达移动节点来完成的。只有移动节点提供了收到了确定的证据后才能够通过这项测试。

- 绑定管理密钥(Binding Management Key)：用于授权绑定缓存管理消息的密钥。回返路由测试提供了创建绑定管理密钥的一种方法。

- 生成密钥标记(Keygen Token)：由通信对端节点在回返路由测试过程中提供的一个数字，该数字可以使移动节点通过计算必要的绑定管理密钥来授权一个绑定更新。

3.1.1.2　移动 IPv6 的功能特点

相对于目前广泛应用于无线网络的 IPv4 技术，移动 IPv6 的优势非常明显，如不再需要外地代理、避免了三角路由问题、实现了路由优化、具有更好的支持节点的移动性等。总结起来，移动

IPv6 的主要功能特点体现在以下几个方面：

(1)地址数量大大增加

移动 IPv6 的 128 位地址长度对于市场潜力巨大的移动市场来说是非常诱人的。另外，采用移动 IPv6 之后将不再需要网络地址转换 NAT(Network Address Translation)，这将使移动 IPv6 的部署更加简单直接，由于不再需要管理内部地址与公网地址之间的网络地址翻译 NAT 和地址映射，网络的部署工作只需要管理比移动 IPv4 少的网络元素和协议即可。

(2)可以实现端到端的对等通信

NAT 被广泛地使用在互联网上，绝大多数的应用都是基于客户端/服务器(C/S)的方式。这种状况完全无法满足人们对未来移动网络的要求。移动手机之间以及与其他网络设备之间的通信绝大部分都要求是对等的，因此需要有全球地址而不是内部地址。去掉NAT 将使通信真正实现全球任意点到点的连接。

(3)地址的结构层次更加优化

移动 IPv6 不仅能提供大量的 IP 地址以满足移动通信的飞速发展，而且可以根据地区注册机构的政策来定义移动 IPv6 地址的层次结构，从而减小路由表的大小，并且可以通过地区本地地址和选路控制来定义某个组织的内部网络。

(4)内嵌的安全机制

移动 IPv6 将安全作为标准的有机组成部分，安全的部署是在更加协调统一的层次上，而不是像 IPv4 那样通过叠加的解决方案来实现。通过移动 IPv6 中的 IPsec 可以对 IP 层上(也就是运行在IP 层上的所有应用)的通信提供加密/授权。通过移动 IPv6 可以实现远程企业内部网(如企业 VPN 网络)的无缝接入，并且可以实现永远连接。

(5)能够实现地址的自动配置

移动 IPv6 中主机地址的配置方法要比移动 IPv4 中的多，任何主机 IPv6 的地址配置均包括无状态自动配置、全状态自动配置和静态地址。这意味着在移动 IPv6 环境中的编址方式能够实现更加有效率的自我管理，使得移动、增加和更改都更加容易，并且显著降低网络管理的成本。

（6）服务质量（QoS）提高

服务质量是多种因素的综合问题。从协议的角度来看，移动IPv6的头标增加了一个流标记域，20位长的流标记域使得任何网络的中间点都能够确定并区别对待某个IP地址的数据流。

（7）移动性更好

移动IPv6实现了完整的IP层的移动性。特别是面对移动终端数量剧增，只有移动IPv6才能为每个设备分配一个永久的全球IP地址。由于移动IPv6很容易扩展、有能力处理大规模移动性的要求，所以它将能解决全球范围的网络和各种接入技术之间的移动性问题。

（8）结构比移动IPv4更加简单并且容易部署

由于每个IPv6的主机都必须具备通信节点CN的功能，当与运行移动IPv6的主机通信时，每个IPv6主机都可以执行路由的优化，从而避免三角路由问题。另外，与移动IPv4不同的是，移动IPv6中不再需要外地代理FA。IPv6地址的自动配置还简化了移动节点转交地址服务种类CoS（Class of Service）的分配。

3.1.1.3　移动IPv6的实现原理

移动IPv6对于实现通信在网络层移动过程中保持不断的解决方案可以简单地归纳为以下3点：

①定义了家乡地址：上层通信应用全程使用家乡地址保证了对应用的移动透明；

②定义了转交地址：从外地网络获得转交地址，保证了现有路由模式下通信可达；

③家乡地址与转交地址的映射：建立了上层应用所使用的网络层标识与网络层路由所使用的目的标识之间的关系。

具体工作流程可简单归纳如下：

①当移动节点在家乡网段中时，它与通信节点之间按照传统的路由技术进行通信，不需要移动IPv6的介入。

②当移动节点移动到外地链路时，移动节点的家乡地址保持不变，同时获得一个临时的IP地址（即转交地址）。移动节点把家乡

地址与转交地址的映射告知家乡代理。通信节点与移动节点通信仍然使用移动节点的家乡地址，数据包仍然发往移动节点的家乡网段；家乡代理截获这些数据包，并根据已获得的映射关系通过隧道方式将其转发给移动节点的转交地址。移动节点则可以直接和通信节点进行通信，这个过程也叫做三角路由过程。

③移动节点也会将家乡地址与转交地址的映射关系告知通信节点。当通信节点知道了移动节点的转交地址就可以直接将数据包转发到其转交地址所在的外地网段。这样，通信节点与移动节点之间就可以直接进行正常通信。这个通信过程也被称作路由优化后的通信过程。

举例如下：

当移动节点在它的家乡链路时，它使用传统的路由机制和通信对端交换 IP 数据包，因此，只要移动节点连接在家乡链路上，它的行为就像一个固定节点。在家乡子网中，家乡代理为了表明它的存在，周期性发送路由公告。因而，只要移动节点周期性地收到家乡代理的路由公告，就表明移动节点在家乡网络中，如图 3-1 所示。

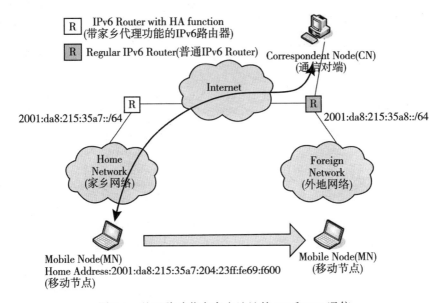

图 3-1　基于移动节点家乡地址的 CN 和 MN 通信

移动节点通过接收到的路由公告来检测它的移动。当移动节点移动到外地网络后，移动节点会形成一个基于路由公告的新转交地址，移动节点 MN 也可以发送路由请求来获得路由公告。通过重复地址检测的过程确定了移动节点新转交地址在外地子网中的唯一性后，移动节点给家乡代理发送绑定更新，同时获得家乡代理返回的绑定确认。绑定更新是用来更新通信对端或家乡代理的绑定缓存中移动节点位置信息的一条消息。

一些通信对端可能不会收到移动节点的绑定更新，只要通信对端给移动节点的家乡地址发送数据包，家乡代理收到这些数据包后，通过隧道把数据包发送到移动节点的家乡地址，称为三角路由。如图 3-2 所示，在通信对端不知道移动节点移动时，通信对端所有的数据包都要通过家乡代理发送给移动节点。此后，移动节点给通信对端发送绑定更新，通知通信对端考虑它的新转交地址，然后，通信对端返回绑定确认。通信对端开始和移动节点的转交地址直接通信，不再通过作为中介媒体的家乡代理，称为路由优化，如图 3-3 所示。

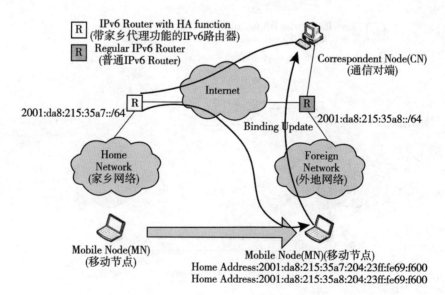

图 3-2　MN 和 CN 之间的三角路由

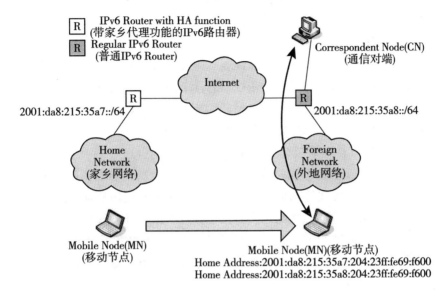

图 3-3　MN 和 CN 之间的路由优化

3.1.1.4　移动 IPv6 的关键过程

移动 IPv6 的协议中，从三角路由到路由优化的通信过程包含了移动检测、获取转交地址、转交地址注册、隧道转发等机制，往返可路由等信令过程等，具体如下：

（1）移动检测

移动检测分为二层移动检测以及三层移动检测。不论二层移动检测采用什么方法，移动 IPv6 中依靠路由通告来确定是否发生了三层移动。移动节点在家乡网段的时候，在规定的时间间隔内能够周期性收到路由前缀通告；移动节点从家乡网络移动到外地网络的时候，在规定的时间间隔内不会再收到家乡网段的路由通告，移动节点认为发生了网络层移动。

（2）获取转交地址

当移动节点监测到发生了网络切换时，就需要分配当前网段可达的转交地址。获得转交地址的方式可以是任何传统的 IPv6 地址分配方式，如无状态自动配置方式，或者是有状态分配方式。无状

73

态自动配置方式是最简单的方式之一，其利用所接收到外地网络的路由前缀，与移动节点的接口地址合成转交地址。

（3）转交地址注册

移动节点获得转交地址后需要将转交地址与家乡地址的绑定关系分别通知给家乡代理以及正在与移动节点通信的通信节点，这个过程分别称为家乡代理注册以及通信节点注册。转交地址的注册主要通过绑定更新/确认消息来实现。

（4）隧道转发机制/三角路由

移动节点已经完成家乡代理注册但是还没有向通信节点注册时，通信节点发往移动节点的数据在网络层仍然使用移动节点的家乡地址。家乡代理会截取这些数据包，并根据已知的移动节点转交地址与家乡地址的绑定关系，通过 IPv6 in IPv6 隧道将数据包转发到移动节点。移动节点可以直接回复给通信节点。这个过程也叫做三角路由。

（5）往返可路由过程

往返可路由过程的主要目的在于保证通信节点接收到绑定更新的真实性和可靠性，由两个并发过程组成：家乡测试过程和转交测试过程。

家乡测试过程首先由移动节点发起家乡测试初始化消息，通过隧道经由家乡代理转发给通信节点，以此告知通信节点启动家乡测试所需的工作。通信节点收到家乡测试初始化消息后，会利用家乡地址及两个随机数 Kcn 与 nonce，进行运算，生成归属地密钥生成令牌(Home Keygen Token)，然后会利用返回给移动节点的家乡测试消息，把 home keygen token 以及 nonce 索引号告诉移动节点。

转交测试首先是移动节点直接向通信节点发送转交测试初始化消息，通信节点会将消息中携带的转交地址与 ken 和 nonce 进行相应运算生成密钥生成令牌(Care-of Keygen Token)，然后在返回移动节点的转交测试信息中携带 care-of keygen token 以及 nonce 索引号。

移动节点利用 home keygen token 和 care-of keygen token 生成绑定管理密钥 Kbm，再利用 Kbm 和绑定更新消息进行相应运算生成验证码1，携带在绑定更新消息中。通信节点收到绑定更新消息后利用 home keygen token，care-of keygen token 以及 nonce 数，与绑定消息进行相应运算，得出验证码 2。比较这两个验证码，如果相同，通信节点就可以判断绑定消息真实可信，否则，将视为无效。

(6)动态家乡代理地址发现过程

通常家乡网络的前缀和家乡代理的地址是固定的，但是也可能因为故障或其他原因出现重新配置。当家乡网络配置改变时，身在外地的移动节点需要依靠动态家乡代理地址发现过程，发现家乡代理的地址。这主要借助于目的地为一个特殊 anycast(任播)地址的 ICMP 特别消息。

3.1.1.5 移动 IPv6 对 IPv6 的协议扩展

(1)新的移动报头

移动报头是移动 IPv6 定义的一个新的扩展报头，移动节点、通信节点和家乡代理在创建和管理绑定消息时都会用到。移动 IPv6 在进行通信时，为了管理其移动性，需要比 IPv6 交换更多的消息。所有这些消息都是封装在 IPv6 的扩展报头——移动报头之中进行传送的。移动报头的格式如图 3-4 所示。

净荷协议	报头长度	移动报头类型	保留
检验和		—	
消息数据			

图 3-4　移动报头格式

(2)新的目的地选项

移动 IPv6 为目的扩展报头扩展了一个新的选项，即家乡地址 HA 选项。其功能是：当移动节点移动到外地网络时，它与通信对端进行通信都是使用当前转交地址，而通信对端所发出的报文也是使用的转交地址，但运行于移动节点和通信对端上层的应用程序使用的是移动节点的家乡地址，因此，必须在移动节点端进行地址翻转才能保证节点的移动对上层应用透明。因此，可以利用家乡地址选项来实现这一过程，在中继过程中使用移动节点的转交地址，在端系统中使用移动节点的家乡地址。同时，家乡地址消息还可以实现对入境过滤的支持。

（3）新的 Internet 控制管理协议消息

为了支持家乡代理地址的自动发现和移动配置，移动 IPv6 也引入了一些新的 Internet 控制管理协议 ICMP（Intemet Control Management Protocol）消息，包括以下两种应答消息。

①ICMP 家乡代理地址发现请求消息和 ICMP 家乡代理地址发现应答消息：用于移动节点动态发现家乡代理的地址；

②ICMP 移动前缀请求消息和 ICMP 移动前缀应答消息：用于网络的重新编号和移动配置机制。

（4）移动选项

移动选项位于移动报头的消息数据部分，跟在移动报头的固定部分之后，它的存在与否以及数目都可以通过计算移动报头的长度字段得到。使用移动选项的目的是为了增加灵活性，允许某些消息的必要选项不出现在其他任何消息中。另外，也提供了按需增减移动选项的机制，既控制了移动报头的大小，又方便了以后的扩展。

（5）第二类路由头

移动 IPv6 定义的第二类路由头是一个新的路由头类型，也是一个新的 IPv6 扩展报头。通信对端使用第二类路由头直接发送分组到移动节点，把移动节点的转交地址放在 IPv6 报头的目的地址字段，而把移动节点的家乡地址放在第二类路由头中。当分组到达转交地址时，移动节点从第二类路由头提取家乡地址，作为这个分组的最终目的地址。

3. 1. 2　NEMO 移动网络

利用移动 IP 技术可以让单个移动设备较好地接入 Internet。然而，网络作为整体移动时，虽然也可以对每一个移动设备使用 MIP（Mobile IP），但是这需要所有设备都提供移动 IP 支持，同时，由于每个设备都运行移动 IP，开销会比较大。由于主机移动支持和网络移动支持具有不同的特征和需求，移动 IP 协议不能解决网络的移动支持问题。为了解决网络的移动性问题，IETF 成立了 NEMO(Network Mobility)工作组。

2005 年初，NEMO 的第一个建议标准 RFC 3963 出现，该标准定义了一个新的协议以支持 NEMO 网络在移动过程中保证与互联网的连接和内部节点的通信不中断。NEMO 把对移动性的支持放在一个移动路由器 MR(Mobile Router)上。MR 可以接入 Internet，并在移动时进行切换，NEMO 可以保持移动网络内设备的持续通信。通过在移动路由器 MR(Mobile Router)和家乡代理 HA(Home Agent)之间运行 NEMO 基本支持协议，实现 NEMO 网络与互联网的连接性与可达性，保证 NEMO 网络的移动对内部节点的透明性。

NEMO 网络由一个或多个移动路由器、本地固定节点(Local Fixed Node，LFN)和本地固定路由器(Local Fixed Router，LFR)组成。LFR 可以接入其他的移动节点(Mobile Node，MN)或 MR 构成潜在的嵌套移动网络。NEMO 网络一般作为一个叶子网络，可以移动到互联网的任意位置，由 MR 管理并负责与外部互联网的连接。与移动 IP 机制类似，NEMO 网络在家乡链路上有一个路由器作为家乡代理。NEMO 网络从家乡网络得到永久的 IP 地址前缀，并通过 HA 对外宣告路由，MR 在家乡网络分配有家乡地址 HoAddr_MR，图 3-5 为 NEMO 基本支持协议的应用模型。

NEMO 基本支持协议实现 NEMO 网络的移动，NEMO 网络内部节点与其他节点通信过程如下：

①当 NEMO 网络离开家乡，其 MR 接入访问链路。在访问链路上配置一个转交地址(CoA_MR)，然后 MR 向 HA 发送一个绑定更新消息。绑定更新消息设置标志 R，并且可以包含 NEMO 网络前缀信息的可选报头。

②当 HA 收到绑定更新消息，在缓存中建立 MR 的家乡地址 HoAddr_MR 和转交地址 CoA_MR 的绑定记录，为 NEMO 网络的前缀建立转发表。

③HA 向 MR 发送对绑定更新的应答消息。一旦上述绑定过程完成，就已经在 HA 和 MR 之间建立了一条双向隧道。隧道的端点是 HA 和 CoA_MR。

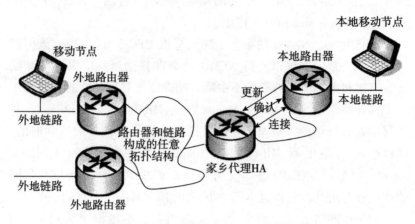

图 3-5　NEMO 基本支持协议的应用模型

④如果从 NEMO 移动网络收到源地址属于 NEMO 网络前缀范围的数据包，MR 将数据包进行 IP-In-IP 封装后从这个隧道的相反方向转发给 HA。HA 解封收到的数据包并向目标通信节点 CN（Correspondent Node）转发。

⑤当 CN 向 NEMO 网络内节点发送数据包，数据包首先会向 HA 转发。HA 收到数据包后，通过双向隧道发送到 NEMO 网络的 MR，再由 MR 解封后转发到相应的目标节点。

在 MR 和 HA 之间通过双向隧道运行一种路由协议，实现路由信息的交互。在隧道接口上执行相关的路由协议，但要防止 NEMO 网络的路由信息通过出口的接口发布出去。通过运行路由协议，在绑定更新消息中就不需要包含 NEMO 网络前缀的信息，HA 可以根据路由协议获取的信息直接建立 NEMO 网络的转发表。

NEMO 技术将可以广泛应用于：

①飞机上的设备：由于与航空通信冲突，无线设备在航班上是禁用的。2005 年 6 月，FAA（联邦航空管理局）允许联合航空（United Airlines）在飞机上安装 Wi-Fi 无线网络设备。这为机载无线通信打开了方便之门，引入 NEMO 可以提供连续的 Internet 连接。

②车载网络：在汽车上植入设备，可以使用 Internet、多媒体

或者驾驶导航系统。NEMO 可以提供 Internet 接入服务。在紧急驾驶系统中如事故发生时的通告、求救，NEMO 可以用于维护持续连接。

③个域网：个人可能携带多个移动设备(手机、PDA、笔记本等)。各设备可以通过一个设备(如 PDA)连接到 Internet，而不需要每个设备都直接连到 Internet。这时 PDA 就充当了移动路由器。

④公共交通(汽车、火车等)网络上的接入：为旅客提供 Internet 接入(笔记本、手机、个域网)，包括嵌套移动(NEMO 中的个域网属于嵌套移动网络)。

⑤Ad-Hoc 网络通过 MR 接入 Internet。

3.2　路由

无线嵌入式互联网路由协议的目标是快速、准确、高效、可扩展性好。快速，指的是查找路由的时间要尽量短，减小引入的额外时延。准确，指的是路由协议要能够适应网络拓扑结构的变化，提供准确的路由信息。高效的含义比较复杂：其一指要能提供最佳路由；其二指维护路由的控制消息应尽量少，以降低路由协议的开销；其三指路由协议应能根据网络的拥塞状况和业务的类型选择路由，避免拥塞并提供 QoS 保证。可扩展性指路由协议要能够适应网络规模增长的需要。

3.2.1　NDP 邻居发现协议

邻居发现协议 NDP(Neighbor Discovery Protocol)是 IPv6 的一个关键协议，它组合了 IPv4 中的 ARP、ICMP 路由器发现和 ICMP 重定向等协议，并对它们作了改进。作为 IPv6 的基础性协议，NDP 还提供了前缀发现、邻居不可达检测、重复地址监测、地址自动配置等功能。

与传统网络不同，6LoWPAN 网络具有高丢包、低功率等特点，传输帧的 MAC 层载荷小于 100 字节，包头压缩和分片使得载荷更小，并且 6LoWPAN 网络在链路层不支持组播，需要通过广播或单播复制来模拟出组播，而一些节点为了省电，常处于休眠状态。这些都使得传统 IPv6 邻居发现协议中的 NS 消息组播传输、RA 消息定期接收以及需要节点处理的地址解析等功能不适合 6LoWPAN 网络。6LoWPAN 邻居发现协议优化了 IPv6 邻居发现的机制，定义了节点注册 NR(Node Register) 机制。

3.2.1.1　节点引导

图 3-6 所示的是节点引导过程，6LoWPAN 邻居发现协议定义了节点注册消息 NR(Node Registration) 和节点确认消息 NC(Node Confirmation) 两个新的 ICMP 报文。NR 消息是节点向路由器发送注册绑定信息，NC 消息是路由器发送给注册节点的响应信息。

①一个节点首先根据自己的 EUI-64 地址或 MAC 地址生成接口标识，形成链路本地单播地址。节点通过广播路由器请求消息 RS (Router Solicitation)，接收路由器发出的路由器通告消息 RA (Router Advertisemem)，加入一个 6LoWPAN 网络。如果在 RA 消息中包含有效的地址前缀，主机节点将自动配置一个全局地址。

②节点向链路本地路由器发送 NR 消息，NR 消息包含节点想注册的地址，也有可能请求路由器分配一个地址。在处理完地址并完成冲突地址检测后，路由器将回复 NC 消息，消息包含路由器确认的地址集合。由此，主机节点完成引导，可以使用 6LoWPAN 网络。节点可以向 6LoWPAN 内外网任一 IPv6 地址发送报文，除了是链路本地地址，其余地址的报文都会转发到默认路由器，默认路由器的链路层地址解析在节点注册时已经完成。6LoWPAN 路由绑定表需要通过定期发送新的 NR 消息进行更新，如果主机移位或网络拓扑发生变化，现有的路由器不可用时，节点需要重新向另一个路由器进行注册。如果在同一个 6LoWPAN 网络内，主机节点地址不变。如果主机节点移动到另一个 6LoWPAN 网络内，节点需要重新完成引导过程。

3.2.1.2　消息和选项

6LoWPAN 邻居发现协议新定义的 NR 和 NC 消息，使用了 RFC4861 中的 RS 和 RA 消息，还新增加了 6LoWPAN 地址选项 (6LoWPAN Address Option, 6AO)，6LoWPAN 信息选项(6LoWPAN

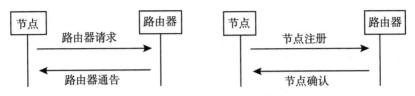

图 3-6 节点引导过程

Information Option，6IO），6LoWPAN 概要选项（6LoWPAN Summary Option，6SO）和所有者接口标识选项（Owner Interface Identifier Option，OIIO）4 个 ICMPv6 选项。NR 和 NC 消息承载于标准的 ICMPv6 报文内，主要用于节点向路由器的注册过程，未注册节点向在线路由器的单播 IPv6 地址发送 NR 消息，在完成地址冲突检测后，路由器会向节点返回 NS 消息，完成注册过程。同时，需要节点周期性地发送 NR 消息，刷新路由器的地址绑定表，发送周期要小于绑定表项的生命周期。NR 和 NC 消息注册选项目前主要有两种选项：6AO 选项，包含主机节点想绑定到接口上的地址；6IO 选项，NC 消息可能用此选项携带 LoWPAN 前缀等信息。

6LoWPAN 网络中的 RS 和 RA 与 RFC4861 中定义的 RS 和 RA 消息格式一致。路由请求消息（RS）中使用的源地址是一个未被确认的乐观地址，同时 RS 消息中包含所有者接口标识而不是源链路层地址。节点通过 RS 消息的代码字段标识自己想接收的回复 RA 消息是否包含 6IO 或 6SO 选项。路由通告消息（RA）可以是给所有节点的主播报文，也可以是对某一个 RS 消息回复的单播报文。目前，RA 主要用到的选项有 6IO 选项，6SO 选项，PIO（Prefix Information Option）选项。6LoWPAN 目前定义了 4 个选项，6LoWPAN 地址选项（6AO）主要用于标识节点注册的地址，以及 NC 消息中标识地址绑定成功或失败。一个消息中可以包含多个地址选项，6AO 支持 IPv6 地址压缩，支持地址复制。6LoWPAN 信息选项（6IO）与 RFC4861 定义的 PIO 选项类型，主要用于携带 LoWPAN 网络的前缀信息，同时也可以对 6LoWPAN 地址压缩的上下文标识（CID）进行分发。6LoWPAN 概要选项（6SO）通过一个序列号标识前缀信息选项的新旧，当节点发现序列号变化时，就发出 RS 消息。回应单播 RS 消息的 RA 消息通常包含所有的前缀信息。所有者接口标识选项（OIIO）则主要用在节点初始认证过程的 RS 消息内。

3.2.2　RPL 协议

RPL 即低功耗有损网络路由协议（Routing Protocol for LLN），是 IETF 的 ROLL（Routing over Lossya nd Low-power Networks）工作组专门针对低功耗有损网络 LLN（Low power and Lossy Network）新提出来的路由协议。ROLL 工作组于 2008 年 2 月成立，属于 IETF 路由领域的工作组。IETFROLL 工作组致力于制定低功耗有损网络中 IPv6 路由协议的规范。由于 LLN 的独特性，传统的 IP 路由协议，如 OSPF、IS-IS、AODV、OLSR，无法满足其独特的路由需求，因此 ROLL 工作组制定了 RPL 协议，其草案标准为 RFC 6550，发布于 2012 年 3 月。

LLN 网络是一类内部链接和路由器都受限的网络，它们可以通过多种链路连接，如 IEEE 802.15.4、蓝牙、低功率 Wi-Fi，甚至低功耗电力线通信（PLC）等。该网络下的路由器的处理器功能、内存及系统功耗（电池供电）都可能受到较大的限制，而里面的网络连接也具有高丢包率、低数据传输率及不稳定的特性。组成该网络的节点数量也多种多样，一张网络中可能仅有几个节点，也可能有成千上万个节点。节点间通信拓扑方式有以下 3 种形式：

①点到点：网络内节点到节点的通信；

②点到多点：LLN 网络内一个中心节点到一个设备子网的所有节点通信；

③多点到点：LLN 网络内一个设备子网内的所有节点到一个中心节点的通信。

RPL 主要为数据汇聚型的场景设计，即数据流量由叶节点指向根节点。当然 RPL 也扩展支持多点对点（MP2P）和点对点（P2P）的应用场景。ROLL 工作组的思路是从各个应用场景的路由需求开始，目前已经制定了 4 个应用场景的路由需求，包括家庭自动化应用（Home Automation，RFC 5826）、工业控制应用（Industrial Control，RFC 5673）、城市应用（Urban Environment，RFC 5548）和楼宇自动化应用（Building Automation，draft-ietf-roll-building-routing-reqs）。

3.2.2.1 RPL 的一些基本术语

• DAG（Directed Acyclic Graph）：有向非循环图，一个所有边缘以没有循环存在的方式的有向图。

• DAGRoot：DAG 根节点，DAG 内没有外出边缘的节点。因为图是非循环的，所以按照定义，所有的 DAGs 必须有至少一个 DAG 根，并且所有路径终止于一个根节点。

• DODAG（Destination Oriented Direct-ed Acyclic Graph）：面向目的地的有向非循环图，以单独一个目的地生根的 DAG。

• DODAGRoot：一个 DODAG 的 DAG 根节点，可能会在 DODAG 内部担当一个边界路由器，尤其是可能在 DODAG 内部聚合路由，并重新分配 DODAG 路由到其他路由协议内。

• Rank：等级，一个节点的等级定义了该节点相对于其他节点关于一个 DODAG 根节点的唯一位置。

• OF（Objective Function）：目标函数，定义了路由度量、最佳目的以及相关函数如何被用来计算出 Rank 值。此外，OF 指出了在 DODAG 内如何选择父节点从而形成 DODAG。

• RPLInstanceID：一个网络的唯一标识，具有相同 RPLInstanceID 的 DODAG 共享相同的 OF。

• RPLInstance：RPL 实例，共享同一个 RPLInstanceID 的一个或者多个 DODAG 的一个集合。

3.2.2.2 RPL 拓扑结构图

RPL 是一个矢量路由协议，通过构建有向非循环图 DAG 来形成拓扑结构，加入 DAG 中的节点自动形成一条指向根节点的路径，其路径从网络中的每个节点到 DODAG 根。RPL 使用距离向量路由协议而不是链路状态协议，这是有很多原因的，其中主要原因是低功耗有损网络中节点资源受限的性质。链路状态路由协议虽然更强大，但是需要大量的资源，例如内存和用于同步 LSDB 的控制流量的资源。

　　RPL 协议规定一个 DODAG 是一系列由有向边连接的顶点，之间没有直接的环路。RPL 通过构造从每个叶节点到 DODAG 根的路径集合来创建 DODAG。与树形拓扑相比，DODAG 提供了多余的路径。在使用 RPL 路由协议的网络中，可以包含一个或多个 RPLInstance。在每个 RPLInstance 中会存在多个 DODAG，每个 DODAG 都有一个不同的 Root。一个节点可以加入不同的 RPLInstanace，但是在一个 Instance 内只能属于一个 DODAG。图3-7 显示了使用 RPL 构造的 DODAG 网络拓扑图。

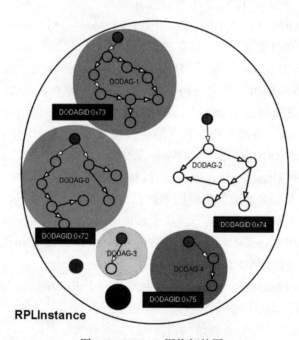

图 3-7　DODAG 网络拓扑图

　　RPL 网络结构中各元素的关系如下：

　　（1）网络（Network）

　　一个网络中会包含有多个 RPLInstance，各个 RPLInstance 具有自己的 RPLInstanceID；6LoWPAN 应用的主要问题都集中在

RPLInstance 及以下的部分，因为 RPLIntance 的 root 是有能力连接到主干网络的。

（2）RPLInstance

一个 RPLInstance 中含有一个或者多个 DODAG，各个 DODAG 含有自己的 DODAGID。同一个 RPLInstance 里的所有 DODAG 共享同一种目标函数 OF。

（3）DODAG

每个 DODAG 内含有且仅有一个 root，其他的都为 node。每个 node 还有一个属性 DODAG Version，当 DODAG 重构时 DODAG Version 会同时增加，如节点发生移动、信号强度互相有变化时，DODAG 会重构拓扑图，从而引发 DODAG Version 增加。不过，DODAG Version 有的时候并不是因为拓扑图变化了才增加，可能还有其他原因。

DODAG 内的所有节点具有自己的 Rank 值，该值越接近 root 的节点越小，越远离 root 的节点则越大。

RPLInstance 有下面多种组成方式：

①仅有一个 root 的单一 DODAG 形式。例如，某个智能家居应用中，最小化的电灯控制系统，仅需要一个 DODAG 就可以了。

②多个 DODAG 形式（各自有 root，不同的 DODAGID）。例如，在某个多点数据收集应用中，节点间没有办法互相协调所以被迫分割成多个 DODAG 了，或者仅是为了实现其中某一部分节点能够动态地进入/离开网络而采用了多 DODAG 的方式。

③单一 DODAG 形式（使用一个主干网上的一个根节点作为虚拟根节点，用它协调其他 DODAG 的根，这样该 RPLInstance 下的所有 DODAG 具有相同的 DODAGID 了）。例如，某网络中的多个边界路由器，它们都具有可靠的网络连接，在理论上它们都可以扮演网络里所有 DODAG 的出、入口功能。

3.2.2.3 RPL 路由建立

下面详细描述 RPL 的基本拓扑形式以及如何建立这些网络的规则，即建立有向无环图 DODAG 的规则。LLN 网络不像平常的有线网络那样是点到点传输的，LLN 一般没有预先规定好某个发送节点的目标，网络内的节点必须自己去发现其他的节点并按 RPL 规则建立通信。RPL 路由把网络拓扑内所有节点向外的信道汇集到一个或多个指定的出入口(Sink)上去，反之外部的信息也从这些出入口出来分发给网络里面的节点。所以，RPL 把整张网络视为一个 DAG 图，然后再将这个 DAG 图分割为多个 DODAG 图，每个 DODAG 图含有一个根节点，也称汇聚 Sink，可以接收或发送外网信息。这些根节点通常会连接到某一主干网上去。

当一个节点发现多个 DODAG 邻居时(可能是父节点或兄弟节点)，它会使用多种规则来决定是否加入该 DODAG。一旦一个节点加入到一个 DODAG 中，它就会拥有到 DODAG 根的路由(可能是默认路由)。在 DODAG 中，数据路由传输分为向上路由和向下路由。向上路由指的是数据从叶子节点传送到根节点，可以支持 MP2P(多点到点)的传输；向下路由指的是数据从根节点传送到叶子节点，可以支持 P2MP(点到多点)和 P2P(点到点)传输。P2P 传输先通过向上路由到一个能到达目的地的祖先节点，然后再进行向下路由传输。对于不需要进行 P2MP 和 P2P 传输的网络来说，向下路由不需要建立。

RPL 规定了 3 种消息，即 DODAG 信息对象(DIO)，DODAG 目的地通告对象(DAO)，DODAG 信息请求(DIS)。DIO 消息是由 RPL 节点发送的，来通告 DODAG 和它的特征，因此，DIO 用于 DODAG 发现、构成和维护。DIO 通过增加选项携带了一些命令性的信息。DAO 消息用于在 DODAG 中向上传播目的地消息，以填充祖先节点的路由表来支持 P2MP 和 P2P 流量。DIS 消息与 IPv6 路由请求消息相似，用于发现附近的 DODAG 和从附近的 RPL 节点请求 DIO 消息。DIS 消息没有附加的消息体。

向上路由的建立是通过 DIS 和 DIO 消息来完成的。每个已经加入到 DAG 的节点会定时地发送多播地址的 DIO 消息，DIO 中包含了 DAG 的基本信息。新节点加入 DAG 时，会收到邻居节点发送的 DIO 消息，节点根据每个 DIO 中的 Rank 值，选择一个邻居节点作为最佳的父节点，然后根据 OF 计算出自己在 DAG 中的 Rank 值。节点加入到 DAG 后，也会定时地发送 DIO 消息。另外，节点也可以通过发送 DIS 消息，让其他节点回应 DIO 消息。

向下路由的建立是通过 DAO 和 DAO-ACK 消息来完成的。DAG 中的节点会定时向父节点发送 DAO 消息，里面包含了该节点使用的前缀信息。父节点收到 DAO 消息后，会缓存子节点的前缀信息，并回应 DAO-ACK。这样在进行路由时，通过前缀匹配就可以把数据包路由到目的地。

3.2.2.4 RPL 回路避免和修复机制

与传统网络不同，在无线嵌入式互联网中，由于低速率流量和网络不稳定性的特点，回路可能存在。RPL 协议不能从根本上保证消除回路，这意味着要在控制层面上使用开销很大的机制，并且这可能不太适合有损耗的和不稳定的环境。RPL 使用通过数据路径验证的回路检测机制作为替代，尽量避免回路。RPL 中制定了两条基本的回路避免规则：

①如果一个节点的邻节点的级别大于它的级别和 DAG Max Rank Increase 的和，那这个节点不允许被选作邻节点的父节点。

②一个节点是不允许试着在 DODAG 中移动到更深的位置，以增加 DODAG 父节点的选择，这样可能造成回路和不稳定性。RPL 中的路由检测机制通过在数据包的包头设定标志位来附带路由控制数据。携带这些标志位的确切位置还没有定义（如流标签）。主要思想是在数据包的包头里设定标志位，以验证正在转发的包是用于检测回路的，还是用于检测 DODAG 不一致性的。

RPL 规定了两种互补的修复机制：全局修复技术和本地修复技术，使用本地修复策略来快速发现替代路径，推迟整个拓扑上的全局修复。RPL 协议采用的方法：当一条路径被认为是不可用的而必须寻找替代路径时，节点触发一次本地修复以快速寻找一条替代路径，即使替代路径不是最优的，以此为网络上的所有节点重建 DODAG，尽管这一过程可能被推迟。

3.2.3 MANET

MANET 的全称为移动 Ad-Hoc 网络（Mobile Ad-Hoc Network）。Ad-Hoc 网络是一种自组织网络，分为固定节点和移动节点两种，

MANET 特指节点具有移动性的 Ad-Hoc 网络。由于自组织无线互联网络的多跳特性，节点具有报文转发功能。这就要求节点实现合适的路由协议。无线嵌入式互联网中如果工作节点是移动的，则网络的拓扑结构不断变化，传统的基于互联网的路由协议无法适应拓扑快速变化的需要，所以要设计适用于无线互联网络的路由协议。鉴于路由协议的重要性，IETF 的 MANET 工作组目前专注于无线互联网络路由协议的研究。

近年来，随着移动设备的小型化，Ad-Hoc 网络已经开始参与个人通信网络的建立，并成为超 3G/4G 网络的重要网络接入形式。利用 Ad-Hoc 进行组网具有灵活、便捷和迅速的特点，相较于现有的一些有中心结构网络来说，Ad-Hoc 网络具有更低的建设成本和更大的普及空间。例如，有 N 个笔记本电脑通过 802.11 的 Ad-Hoc 模式自己组网形成一个网络，如果笔记本的使用者不移动的话，网络的拓扑就不会改变，路由等也就是固定的。但是，如果每个出租车上都配置一个无线网卡，全部出租车组成一个网络，则拓扑是不断变化的，路由等也将变得十分复杂。

MANET 是一种基于平面型地址结构的多跳无线网络，与传统的 Internet 在编址、组网等方面都存在巨大差异，因此，在协议设计方面 MANET 也与 Internet 有很多不同之处，其中最明显的就是MANET 网络多跳的特性。由于 MANET 与 Internet 这两种网络的异构性及协议设计的不一致性，让这两种网络进行互联的过程中要面对的另一个问题就是网关协议栈中 MANET 协议与 Internet 协议共存、兼容及协作的问题。

MANET 路由协议发展至今，已经根据不同的应用场景及需求出现了多种类型的版本，通常根据 MANET 网络节点使用的用于计算优先路由信息的类型可以将路由协议分为链路状态路由协议和距离矢量路由协议。其中，链路状态路由协议根据携带的网络拓扑信息进行路由选择，典型的链路状态路由协议是 DSR，节点发送的分组中携带到达目的节点要经过的中间节点的路由信息，分组的转发过程会根据这些链路信息执行路由选择；而距离矢量路由协议则是根据距离及到达目的节点的路径信息进行路由选择，典型的距离矢量路由协议是 AODV 协议(Ad hoc on-demand Distance Vector Routing) ,其利用下一跳信息来进行路由转发。按照路由发现的模式又可将 MANET 路由协议分为主动式路由协议(表驱动路由协议)和被动式路由协议(按需路由协议)等,具体如图 3-8 所示。

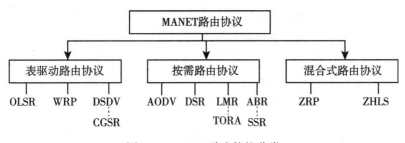

图 3-8 MANET 路由协议分类

下面选择两种最具代表性的 MANET 路由协议——OLSR 和 AODV 路由协议进行介绍。

3.2.3.1 OLSR 路由协议

OLSR(Optimized Link State Routing)协议是 IETF MANET 工作组提出的一种主动式的链路状态路由协议。由于 OLSR 中为每个 MANET 节点定义了多接口通信机制,所以该协议适用于无线 MESH 网络 WMN(Wireless Mesh Network)的二层主干网。

在 OLSR 协议中,各节点间需要周期性地交换各种控制信息,通过分布式计算来更新和建立自己的网络拓扑图。相对于传统的链路状态 LSR(Link State Routing)算法,OLSR 的路由算法主要采用了多点中继站 MPR(Multil Point Relay)技术。MPR 是 OLSR 的核心思想,对该技术的应用减小了控制分组的广播范围,只有被邻居节点选为 MPR 的节点才会转发邻居节点的控制信息,并且只有 MPR 节点才被用作路由选择节点,非 MPR 节点不参与路由计算。节点之间交换的链路信息不是所有邻居节点的连接信息,而只是 MPR 选择节点,这就大大减少了节点间交换链路信息的分组大小。OLSR 相对于传统链路状态算法的这种优化使其比较适合于大规模、节点密度高的 MANET 网络。

在基于 OLSR 路由协议实现的 MANET 与 Internet 连接的方法如下：

MANET 网络中的节点在启动后，首先运行 OLSR 路由协议算法，通过节点间交换链路信息使得 MANET 网络中的每个节点都有整个网络的拓扑结构信息，即都会建立并维护一张到 MANET 网络中其他所有节点的路由表，其中也包括到网关的路由表项。

如果节点发现自己不在家乡网络中，则会通过网关向其家乡代理 HA 进行注册。当节点请求 Internet 服务时便会发送 Internet 业务请求分组，在此过程中首先会查询自己的路由表，因为运行 OLSR 协议的 MANET 网络中的所有节点都维护一张完整的路由表，因此如果查询不到目的主机的路由表项即可认为该目的主机在本网络外部，由此就可以将分组通过默认路由方式转发给网关。

网关接收到该分组后就转发给 Internet 目的主机。Internet 目的主机返回的回复分组则首先要发送给源节点的家乡代理，由家乡代理转发给外部代理，最后外部代理再将该分组转发给源节点。需要注意的是，在实现了动态网关的方案中，网关选择机制会利用 HNA(Host and Network Associaiton)分组完成最优网关的选择。

3.2.3.2　AODV 路由协议

AODV 协议是一种被动式 MANET 路由协议，在使用 AODV 的 MANET 网络中，只有在节点之间有通信需求并且节点本身没有到目的节点的路由时才会运行 AODV 协议算法。AODV 使用 3 种消息作为控制信息：Route Request(RREQ)，Route Reply(RREP)和 Route Error(RERR)。这些消息都在 UDP 上使用 654 端口号。节点首先启动路由发现机制，向网络内广播路由请求分组 RREQ，目的节点接收到源节点发送的 RREQ 后即回复路由应答分组 RREP。如果中间节点在转发 RREQ 的过程中发现自身有到目的节点的最新路由信息，便由该节点向源节点发送路由应答分组 RREP，并更新相应路由条目，而如果此种情况下中间节点接收到的 RREQ 分组头部字段的 G 标志被置为 1，则该中间节点还需要向目的节点发送一个无请求路由应答分组。源节点接收到目的节点或中间节点回复的路由应答分组 RREP 后便建立到目的节点的路由表项，随后将数据分组通过新建立的路由发送给目的节点。

AODV 路由协议的核心内容主要包括路由发现、路由维护以及路由表管理等。在基于 AODV 的 MANET 与 Internet 连接可以利用隧道技术及网络地址转换 NAT 技术，作为网关的节点要开启 NAT 服务，当 MANET 网络中的节点请求 Internet 服务时，首先根据目的主机地址判断其不属于本网络，然后查询路由表是否有到网关的路由表项，如果没有则发起到网关的路由请求。当节点获得需要的路由信息后，便将分组进行封包发往网关节点，网关接收到该分组后进行解包，并通过 NAT 为源节点地址与网关在 Internet 中的地址建立映射关系，最后通过传统的 Internet 路由机制将分组转发给目的主机。在相反的方向上，目的主机回复的分组会首先发送给网关节点，网关同样利用 NAT 服务将分组的目的地址换成源节点在本网络内的地址，然后转发给源节点。

本 章 小 结

移动与路由是无线嵌入式互联网中比较前沿的研究内容，由于有些无线嵌入式互联网中的工作节点可能需要移动或者缓慢移动，在 IP 编址的工作环境下，如何保持系统工作的连续性是无线嵌入式互联网需要解决的首要问题。无线嵌入式互联网路由协议的目标是快速、准确、高效、可扩展性强。其中，快速是指查找路由的时间要尽量短，减小引入的额外时延。准确指路由协议要能够适应网络拓扑结构的变化，提供准确的路由信息。高效的含义比较复杂：其一指要能提供最佳路由；其二指维护路由的控制消息应尽量少，以降低路由协议的开销；其三指路由协议应能根据网络的拥塞状况和业务的类型选择路由，避免拥塞并提供 QoS 保证。可扩展性是指路由协议要能够适应网络规模增长的需要。本章从节点移动到网络移动及在移动过程中的各种方法和相关协议进行了详细介绍。

第4章 无线嵌入式互联网的应用协议

随着 Internet 的高速发展，TCP/IP 协议已成为全球网络通信的标准。TCP/IP 协议簇中应用层的协议有很多，最典型的应用协议有用于网页传输的 HTTP 协议、用于文件传输的 FTP 协议等，这些对于具有超强处理功能的计算机而言实现起来比较简单，但是对于很多嵌入式系统特别是低处理能力的无线嵌入式应用系统来讲，处理起来就有些力不从心。因此，如果要在无线嵌入式互联网中实现各种应用，如语义表达、数据交换、数据存储等，就需要在现有的各种应用协议中进行改进、优化和缩减，使其适应于无线嵌入式互联网中的应用。本章将对几个具有代表性的适用于无线嵌入式互联网的高层应用和相关协议进行介绍。

4.1 CoAP 应用

无线嵌入式网络 IP 化的优点之一是可以采用 REST（Representational State Transfer）风格架构来构建各种无线嵌入式互联网应用。REST 是表述性状态转换架构，是一种轻量级的 Web 服务实现，是互联网资源访问协议的一般性设计风格。REST 有以下 3 个基本概念：表示（Representation）、状态（State）和转换（Transfer）。表示是指数据和资源都以一定的形式表示；状态是指一次资源请求中需要使用的状态都随请求提供，服务端和客户端都是无状态的；转换是指资源的表示和状态可以在服务端和客户端之间转移。REST 提出了一些设计概念和准则，如网络上的所有资源都被抽象为资源；每个资源对应唯一的资源标识；提供通用的连接器接口；对资源的各种操作不会改变资源标识；对资源的所有操作都是无状态的，等等。REST 风格使应用程序可以依赖于一些可共享、可重用的松散耦合的服务。HTTP（Hypertext Transfer Protocol）协议就是一个典型的符合 REST 风格的协议。但是，HTTP 协议较为复杂，开销较大，不适合用于无线嵌入式互联网系统中。

由于无线嵌入式互联网中的设备很多都是资源受限型的，这些设备只有少量的内存空间和有限的计算能力。为此，IETF 的 CoRE（Constrained RESTful Environment）工作组为受限节点制定相关的 REST（Representational State Transfer）形式的应用层协议，这就是 CoRE 工作组正在制定的 CoAP（Constrained Application Protocol）协议。

在 2010 年 3 月，CoRE 工作组开始制定 CoAP 协议。CoAP 协议是为无线嵌入式互联网中资源受限设备制定的应用层协议。它是一种面向网络的协议，采用了与 HTTP 类似的特征，核心内容为资源抽象、REST 式交互以及可扩展的头选项等。应用程序通过 URI 标识（Universal Resource Identifier）来获取服务器上的资源，即可以像 HTTP 协议一样对资源进行 GET、PUT、POST 和 DELETE 等操作。

4.1.1　CoAP 结构

CoAP 并不是 HTTP 的压缩协议，CoAP 一方面实现了 HTTP 的一部分功能子集，并为资源受限环境进行了重新设计；另一方面提供了内置资源发现、多播支持、异步消息交换等功能。CoAP 的体系结构如图 4-1 所示。

与 HTTP 不同，CoAP 使用的是面向数据包的传输层协议，如用户数据包协议（User Datagram Protocol，UDP），可以支持多播。CoAP 分为以下两层：一层是事务层（Transaction Layer），主要使用 UDP 协议用于处理节点之间的异步交互和信息交换，同时提供组播和拥塞控制等功能；另一层是请求/回复层（Request/Response），主要负责传输资源操作请求和回复数据。

CoAP 的双层处理方式，使得 CoAP 没有采用 TCP 协议，也可

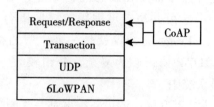

图 4-1 CoAP 的体系结构

以提供可靠的传输机制。利用默认的定时器和指数增长的重传间隔时间实现 CON（Confirmable）消息的重传，直到接收方发出确认消息。另外，CoAP 的双层处理方式支持异步通信，这是物联网和 M2M 应用的关键需求之一。

CoAP 消息有 4 种类型，分别是：

- Confirmable（CON）：需要收到确认的消息；
- Non-confirmable（NON）：不需要收到确认的消息；
- Acknowledgment（ACK）：表示确认一个 Confirmable 类型的消息已收到，并进行相应处理；
- Reset（RST）：表示一个 Confirmable 类型的消息已收到，但是不进行任何处理。

通过这种双层结构，CoAP 能够在 UDP 上实现可靠传输机制。进行可靠传输时，使用 CON 消息，如果在规定时间内未收到 ACK 消息，则重新传输该消息（超时重传），直到收到 ACK/RST 消息或者超过最大重传次数。接收方收到 CON 消息时，返回 ACK 消息，如果接收方不能处理该消息，则返回 RST 消息。此外，CoAP 还支持异步通信，当 CoAP 服务端收到不能立即处理的请求时，首先返回 ACK 消息，处理请求之后再发送返回消息。

4.1.2 CoAP 主要特点

CoAP 协议具有如下特点：

（1）报头压缩

CoAP 包含一个紧凑的二进制报头和扩展报头。它只有短短的

4 个字节的基本报头，基本报头后面跟扩展选项。一个典型的请求报头为 10~20 字节。图 4-2 是 CoAP 协议的信息格式。

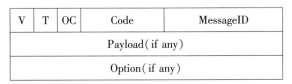

图 4-2　CoAP 协议的信息格式

报头部分各字段的含义如下：

①V（Version）：表示 CoAP 协议的版本号；

②T（Type）：表示消息的信息类型；

③OC（Option Count）：表示头后面可选的选项数量；

④Code 表示消息的类型：请求消息、响应消息或者是空消息；MessageID 表示消息编号，用于重复消息检测、匹配消息类型等。

（2）方法和 URIs

为了实现客户端访问服务器上的资源，CoAP 支持 GET、PUT、POST 和 DELETE 等方法。CoAP 还支持 URIs，这是 Web 架构的主要特点。

（3）传输层使用 UDP 协议

CoAP 协议是建立在 UDP 协议之上，以减少开销和支持组播功能。它也支持一个简单的停止和等待的可靠性传输机制。

（4）支持异步通信

HTTP 对 M2M 通信不适用，这是由于事务总是由客户端发起。而 CoAP 协议支持异步通信，这对 M2M 通信应用来说是常见的休眠/唤醒机制。

（5）支持资源发现

为了自主地发现和使用资源，它支持内置的资源发现格式，用于发现设备上的资源列表，或者用于设备向服务目录公告自己的资源。它支持 RFC 5785 中的格式，在 CoRE 中用/. well-known/core 的路径表示资源描述。

（6）支持缓存

CoAP 协议支持资源描述的缓存以优化其性能。

（7）订阅机制

CoAP 使用异步通信方式，用订阅机制实现从服务器到客户端的消息推送。实现 CoAP 的发布，订阅机制，它是请求成功后自动注册的一种资源后处理程序，是由默认的 EVENT_ 和 PERIODIC_ RESOURCEs 来进行配置的。它们的事件和轮询处理程序用 EST. notify_subscribers( )函数来发布。

4.1.3　CoAP 的订阅机制

HTTP 的请求/响应机制是假设事务都是由客户端发起请求，服务器回送响应。这导致客户端没有发起请求的时候，服务器无法将消息推送给客户端。而无线嵌入式互联网中工作设备或节点都是无线低功耗的，这些设备大部分时间处于休眠状态，因此不能响应轮询请求。而 CoRE 认为支持本地的推送模型是一个重要的需求，也就是由服务器初始化事务到客户端。推送模型需要一个订阅接口，用来请求响应关于特定资源的改变。而由于 UDP 的传输是异步的，所以不需要特殊的通知消息。COAP 的订阅机制如图 4-3 所示。

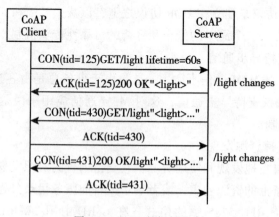

图 4-3　CoAP 的订阅机制

4.1.4 CoAP 的交互模型

CoAP 使用类似于 HTTP 的请求/响应模型：CoAP 终端节点作为客户端向服务器发送一个或多个请求，服务器端回复客户端的 CoAP 请求。不同于 HTTP，CoAP 的请求和响应在发送之前不需要事先建立连接，而是通过 CoAP 信息来进行异步信息交换。CoAP 协议使用 UDP 进行传输。这是通过信息层选项的可靠性来实现的。CoAP 定义了 4 种类型的信息：可证实的 CON(Confirmable)信息，不可证实的 NON(Non-Confirmable)信息，可确认的 ACK(Acknowledgement)信息和重置信息 RST(Reset)。方法代码和响应代码包含在这些信息中，实现请求和响应功能。这 4 种类型信息对于请求/响应的交互来说是透明的。

CoAP 的请求/响应语义包含在 CoAP 信息中，其中分别包含方法代码和响应代码。CoAP 选项中包含可选的(或默认的)请求和响应信息，如 URI 和负载内容类型。令牌选项用于独立匹配底层的请求到响应信息。

在 CoAP 请求/响应模型中，请求包含在可证实的或不可证实的信息中，如果服务器端是立即可用的，它对请求的应答包含在可证实的确认信息中来进行应答。图 4-4 是基本的 GET 请求和响应模式示意图，其中 CoAP Client 表示成功发送请求和收到 ACK 确认信息，CoAP Server 表示重传了请求信息，然后才收到 ACK 确认信息。

虽然 CoAP 协议目前还在制定中，但 Contiki 和 TinyOS 嵌入式操作系统已经能支持 CoAP 协议。Contiki 是一个多任务操作系统，并带有 μIPv6 协议栈，适用于嵌入式系统和无线传感网络，它占用系统资源小，适用于资源受限的网络和设备。目前，火狐浏览器已经集成了 Copper 插件，实现了 CoAP 协议。但是这种方式只能读取传感器节点上的实时数据，而不能查看各种历史数据。为此，在 Contiki 系统的基础上，基于 uIPv6-START KIT 无线网络开发套件，可以用自己编写的客户端软件实现和数据库的交互，把历史数据存入数据库中，从而在 Web 浏览器端不仅可以访问传感器节点上的

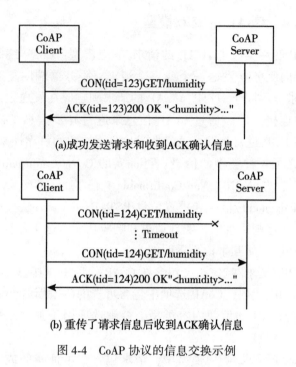

(a)成功发送请求和收到ACK确认信息

(b) 重传了请求信息后收到ACK确认信息

图 4-4　CoAP 协议的信息交换示例

实时数据，还能查看历史数据，以便于分析问题。

4.1.5　CoAP 与互联网的互联方式

采用基于 IP 的 REST 风格的网络架构能够促进无线嵌入式网络与互联网之间的网络互联。应用 CoAP 协议之后，互联网中的服务能够直接通过 CoAP 协议或者通过 HTTP 与 CoAP 协议之间的映射转换来访问无线嵌入式网络资源。基于 CoAP 的网络与互联网的互联方式有直接接入和网关代理两种。

（1）直接接入

直接接入方式是指无线嵌入式互联网通过网关接入互联网，网关只对 IPv6 和 6LoWPAN 网络层进行转换，而对上层协议不作处理，如图 4-5 所示。

直接接入时，无线嵌入式互联网中的工作节点直接与支持

98

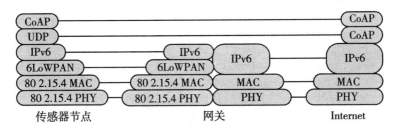

图 4-5　直接接入方式

CoAP 协议的互联网应用程序进行数据通信。这种方式可以实现无线嵌入式网络与互联网的完全互联，无线嵌入式网络中的工作节点都可以通过 IPv6 地址直接访问，同时网关只需要对 IPv6 与 6LoWPAN 进行转换，从而可减少不必要的开销。但是，由于目前 IPv6 在互联网中还没有完全普及，这种方式的应用范围受到了一定的限制。在小型嵌入式自控网络中，可以采用这种方式，但是在公用网络中目前还无法实现。另一方面，已有的互联网应用程序如浏览器等大多使用 HTTP 协议，不能直接访问无线传感网络资源，需要应用 CoAP 协议重新实现。

（2）网关代理

网关代理方式是指无线嵌入式互联网通过网关接入互联网，网关对全部协议进行相应转换，将 HTTP 或其他协议请求转换为 CoAP 请求，并将 CoAP 返回数据转换为 HTTP 或其他协议形式传递给互联网应用程序，如图 4-6 所示。

网关代理时，互联网应用程序不是直接访问无线嵌入式网络资源，而是通过网关对 CoAP 和 HTTP 或其他协议进行了转换。这种方式的优势在于：由于使用网关作为代理，互联网端可以使用 IPv4 或 IPv6，使得这种方式的应用范围更广。同时，因为可以使用 HTTP 或其他协议，上层应用程序可以不需要改动。但是 CoAP 和 HTTP 或其他协议的转换增加了网关的复杂度，也会对通信效率产生一定影响。

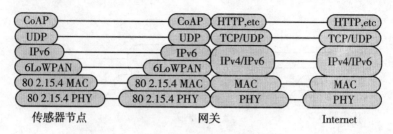

图 4-6　网关代理方式

4.2　轻量 Web

4.2.1　轻量 WebServer

无线嵌入式互联网应用系统中的工作节点除了承担基本的数据传输和命令传递外，还需要承担信息表达与管理等所需要的 Web 服务。例如，在测控领域中，常常需要远程查询被测控对象的实时状态，或者进行某种控制操作，采用服务器/浏览器(B/S)进行工作的嵌入式系统，仅仅通过浏览器就能完成所需要的测控任务而无需依赖于其他客户端程序。再如，智能家居的网关设备在进行智能控制的同时，还兼具基于 Web 的远程管理，这无疑将更加便捷。另外，还有一个问题，就是无线嵌入式网络应用系统往往处于某个防火墙之内，工作节点松散，有些关键的控制命令很容易被防火墙拒绝服务。这种分散、异构、分布式的节点就需要借助平台独立的、低耦合的、分布式的 Web 服务来满足这类无线嵌入式互联网应用系统的需要。

当前，互联网上的 Web 服务器大多采用 Apache 或 IIS 等服务器软件，但是这些 Web 服务器软件往往功能强大，属于重量级的应用，实现和部署复杂，无法满足无线嵌入式网络低处理性能的要求，因此，出现了很多轻量化的 Web Server 解决方案。下面对几种典型的轻量化 Web Server 软件进行介绍：

4.2.1.1 Lighttpd

Lighttpd 是一个来源于德国的开源 Web 服务器软件,具有非常低的内存开销、CPU 占用率低、效能好以及丰富的模块等特点。Lighttpd 是众多 OpenSource 轻量级的 Webserver 中较为优秀的一个,下载后大小在 1MB 左右。Lighttpd 支持 FastCGI、CGI、Auth、输出压缩(Outputcompress)、URL 重写、Alias 等重要功能,采用事件驱动和异步 IO 技术,运行时一般只有单一的进程、单一的线程。实际上,Lighttpd 的服务进程很少会成为系统的瓶颈,系统的瓶颈通常是负责处理业务逻辑的 CGI 进程或者磁盘网络 IO 等。但是 Lighttpd 由于是独立的应用,因此安装复杂,很难将其嵌入到自己的应用中。

4.2.1.2 Nginx

Nginx 是一款开放源代码,免费的 HTTP 服务器和反向代理服务器,也可以用作 IMAP/POP3 服务器。得益于其超强的可扩展性,Nginx 将可控低内存占用率功能与异步架构结合起来,从而达到降低内存使用率和资源占用率的效果。Nginx 性能卓越,环境稳定。目前,WordPress、SourceForge 和 TorrentReactor 将其作为首选的网络服务器。

NginxNginx 采用 master-slave 模型,能够充分利用 SMP 的优势,且能够减少工作进程在磁盘 I/O 的阻塞延迟,其稳定性高;由于采取了分阶段资源分配技术,使得 CPU 与内存占用率非常低;有出色的反向代理功能,常被用来充当反向代理服务器,或作为大规模邮件服务器的前端代理。

4.2.1.3 TUX

TUX 是一种由 GPL(GNU General Public License)许可的基于内核的轻量级 Web 服务器。与其他 Web 服务器相比,TUX 的优势在于:①TUX 是作为 Linux 的内核 2.4.x 或更高的一部分来运行的,另外一部分可以作为用户区来运行;②TUX 缓存部分的 TCP 校验并用它们来加快网络数据传输速度;③用一个特定的网络卡,TUX 可以从页面缓存定向分散的 DMA 直接到网络,这样就避免了数据的拷贝;④当 TUX 不知道如何去处理一个请求或是接收到一个请求不能运行的时候，它一般会把这个请求传送到用户区的 Web 服务器后台去处理它。

4.2.1.4　Boa

Boa 是一个非常小巧的 Web 服务器，其官方网址是 http：//www.boa.org/，可执行代码只有约 60KB。它是一个单任务 Web 服务器，只能依次完成用户的请求，而不会 fork 出新的进程来处理并发连接请求。但 Boa 支持 CGI，能够为 CGI 程序 fork 出一个进程来执行。Boa 的设计目标是速度和安全，在其站点公布的性能测试中，Boa 的性能要好于 Apache 服务器。

下面详细介绍 Boa Web 服务的建立过程：

①从 http：//www.boa.org/下载 Boa 源码，将其解压并进入源码目录的 src 子目录：

tar -zxvf boa-0.94.13.tar.gz

cd boa-0.94.13/src

②生成 Makefile 文件：

./configure

修改 Makefile 文件，

a. 找到 CC＝gcc，将其改成 CC = arm-linux-gcc，

b. 找到 CPP = gcc-E，将其改成 CPP = arm-linux-gcc-E，保存退出。

③运行 make 进行编译，得到的可执行程序为 boa，并将调试信息剥去：

make

arm-linux-strip boa

④编写 boa.conf。

⑤cp boa 到开发板的/bin 目录下，在开发板/etc 目录下建 boa 目录，cp boa.conf 到板子的/etc/boa 目录。

⑥创建日志文件所在目录/var/log/boa，创建 HTML 文档的主目录/var/www，创建 CGI 脚本所在目录/var/www/cgi-bin/，在/var/www 中放置一个 index.html 文件。

⑦cp mime.types 文件到开发板/etc 目录。

⑧vi passwd，添加 nouser 用户，vi group 添加 nogroup 组，并运行 boa：

#/bin/boa

现在通过其他机器访问 http：//192.168.0.12，就可以看到那个 index 页面了。

⑨编辑 helloworld.c 程序测试 cgi 的运行：

#arm-linux-gcc-o helloworld.cgi helloworld.c

#cp helloworld.cgi 到开发板的/var/www/cgi-bin 目录下

在 PC 机的浏览器地址栏输入 http：//192.168.0.12/cgi-bin/helloworld.cgi，可以看到相关页面，CGI 脚本测试通过。

⑩从 CGIC 的主站点 http：//www.boutell.com/cgic/下载源码，将其解压并进入源码目录：

tar -zxvf cgic205.tar.gz

cd cgic205

⑪修改 Makefile 文件：

a. 找到 CC=gcc，将其改成 CC=arm-linux-gcc；

b. 找到 AR=ar，将其改成 AR=arm-linux-ar；

c. 找到 RANLIB=ranlib，将其改成 RANLIB=arm-linux-ranlib；

d. 找到 gcc cgictest.o -o cgictest.cgi ${LIBS}，将其改成 $(CC) $(CFLAGS) cgictest.o -o cgictest.cgi ${LIBS}；

e. 找到 gcc capture.o -o capture ${LIBS}，将其改成 $(CC) $(CFLAGS) capture.o -o capture ${LIBS}，

保存退出。

⑫然后运行 make 进行编译，得到的 CGIC 库 libcgic.a，通过调试辅助程序 capture 和测试程序 cgictest.cgi，来验证生成 CGIC 库的正确性。

⑬将 capture 和 cgictest.cgi 拷贝到主机的/var/www/cgi-bin 目录下。

在工作站的浏览器地址栏输入 http：//192.168.0.12/cgi-bin/cgictest.cgi，可以看到 CGIC 库和测试脚本都移植成功的页面。

4.2.1.5　Thttpd

Thttpd 是一个非常小巧的轻量级 WebServer，它非常简单，仅仅提供了 HTTP/1.1 和简单的 CGI 支持，其官网地址为 http：//www.acme.com/software/thttpd/。Thttpd 也类似于 lighttpd，对于并发请求不使用 fork() 来派生子进程处理，而是采用多路复用技术来实现，因此效果很好。另外，Thttpd 支持多种平台，如 FreeBSD、SunOS、Solaris、BSD、Linux、OSF 等。Thttpd 因为其资源占用小的缘故可以和主流的 WebServer 一样快，在高负载下可以有效提高系统的性能。Thttpd 基于 URL 的文件流量限制对于下载的流量控制而言是非常方便的，较之采用插件的实现方式，Thttpd 效率更高。同时，Thttpd 全面支持 HTTP 基本验证(RFC2617)，可有效解决安全性的问题。因此，Thttpd 是嵌入式系统的 WebServer 的较好选择。

μCLinux 下支持 3 个 WebServer：httpd、Thttpd 和 BOA。下面以 μCLinux 为例，介绍安装和配置 Thttpd 的过程：

①在编译 μCLinux 内核的 makemenuconfig 这一步，选中 busybox 中的 Thttpd。

②根据需要，修改源码/user/thttpd 下的 config.h：

#define DEFAULT_PORT　　80　　　//服务器监听端口

#define DEFAULT_DIR　　/home/httpd　　　//设定服务器根目录

#define INDEX_NAME　　index.html　　　//设定访问服务器时的默认主页

#defin eAUTH_FILE　　　passwd　　//授权使用者数据库文件

#define CGI_PATTERN　　/cgi-bin/*.cgi　　　//CGI 的文件名格式

#define CGI_PATH　　/home/httpd/cgi-bin　　　//CGI 的所在目录

③建立服务器根目录和文件目录。由于 μCLinux 的根文件系统为 ROMFS，只读，因此，要在生成文件系统映像之前建立好其中的目录和文件。首先是 Web 服务器根目录，然后是根目录下的子

目录：文件根目录和 CGI 程序目录。修改/vendor/Samsung/4510B/
makefile 文件，在 ROMFS_DIRS 列出的目录中增加 home/httpd（服
务器根目录和文件根目录），home/httpd/cgi-bin（CGI 程序目录）。

④将无线嵌入式互联网中与 Web 相关网页和 CGI 程序分别放
在/vendor/Generic/httpd 和/vendor/Generic/httpd/cgi-bin 中，就可
以随内核编译过程时自动复制到 image 的相关目录下。在/vendor/
Samsung/4510B/rc 中添加 thttpd 实现上电自动执行。

4.2.2 简单 WebService

WebService 是一个平台独立的、低耦合的、自包含的、基于可
编程的 Web 应用，可使用开放的 XML（标准通用标记语言下的一
个子集）标准来描述、发布、发现、协调和配置应用程序，用于开
发分布式的互操作的应用程序。WebService 技术能使得运行在不同
机器上的不同应用无须借助附加的、专门的第三方软件或硬件就可
相互交换数据或集成。依据 WebService 规范实施的应用之间，无
论它们所使用的语言、平台或内部协议是什么，都可以相互交换数
据。各应用程序通过网络协议和规定的一些标准数据格式（如
HTTP、XML、SOAP 等）来访问 WebService，通过 WebService 内部
执行得到所需结果。WebService 可以执行从简单的请求到复杂商务
处理的任何功能。一旦部署完成，其他 WebService 应用程序可以
发现并调用它部署的服务。一个典型 WebService 服务框架如图 4-7
所示。

构建和使用 WebService 时一般需要借助一些关键要素，如
XML、SOAP、WSDL、UDDI 等，其中 XML 用来进行数据描述，
SOAP 用来描述传递信息的格式，WSDL 用来描述如何访问具体的
接口，UDDI 用来管理、分发、查询 WebService。下面对这些关键
要素进行介绍。

4.2.2.1 XML 和 JSON
（1）XML

XML 即可扩展的标记语言（Extensible Markup Language），XML
是由 W3C（World Wide Web Consortium）万维网协会创建的。W3C

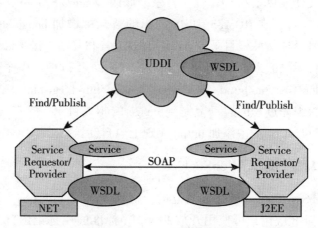

图 4-7　WebService 服务框架图

制定的 XML Schema XSD 定义了一套标准的数据类型，并给出了一种语言来扩展这套数据类型。XML 主要的优点在于它既与平台无关，又与厂商无关。XML 被广泛用来作为跨平台之间交互数据的形式，主要针对数据的内容，通过不同的格式化描述手段（XSLT、CSS 等）可以完成最终的形式表达（生成对应的 HTML、PDF 或者其他的文件格式）。HTML 主要是用来表现数据，而 XML 则主要用来传送及携带数据信息，不用来表现或展示数据，所以 XML 主要是用它说明数据是什么，以及携带什么样的数据信息。每个 XML 文档都由 XML 序言开始，在前面代码中的第一行就是 XML 序言：<?xml version="1.0"？>。这一行代码会告诉解析器或浏览器这个文件应该按照 XML 规则进行解析。

XML 应用于 Web 开发的许多方面，常用于简化数据的存储和共享，具体如下：

①XML 可以将数据从 HTML 分离。

如果需要在 HTML 文档中显示动态数据，那么每当数据改变时将花费大量的时间来编辑 HTML。通过 XML 数据能够存储在独立的 XML 文件中，这样开发者就可以专注于使用 HTML 进行布局和显示，并确保修改底层数据不再需要对 HTML 进行任何的改变。

通过使用几行 JavaScript，你就可以读取一个外部 XML 文件，然后更新 HTML 中的数据内容。

②XML 简化数据共享。

在真实的世界中，计算机系统和数据使用不兼容的格式来存储数据。XML 数据以纯文本格式进行存储，因此，XML 提供了一种独立于软件和硬件的数据存储方法，这让创建不同应用程序可以共享的数据变得更加容易。

③XML 简化数据传输。

通过 XML 可以在不兼容的系统之间轻松地交换数据。对开发人员来说，其中一项最费时的挑战一直是在因特网上的不兼容系统之间交换数据。由于可以通过各种不兼容的应用程序来读取数据，以 XML 交换数据降低了这种复杂性。

④XML 简化平台的变更。

系统硬件或软件升级为新系统时总是非常费时的，必须转换大量的数据，不兼容的数据经常会丢失。XML 数据以文本格式存储，这使得 XML 在不损失数据的情况下，更容易扩展或升级到新的操作系统、新应用程序或新的浏览器。

⑤XML 使数据更有用。

由于 XML 独立于硬件、软件以及应用程序，XML 使用户的数据可用，也更有用。不同的应用程序都能够访问用户的数据，不仅仅在 HTML 页中，也可以从 XML 数据源中进行访问。通过 XML 数据可供各种阅读设备使用(手持的计算机、语音设备、新闻阅读器等)，还可以供盲人或其他残障人士使用。

⑥XML 用于创建新的 Internet 语言。

很多新的 Internet 语言是通过 XML 创建的，其中包括：

• XHTML5：HTML5 的 XML 序列化语言，HTML5 和 XHTML5 的具有相同的词汇表(一组相同的元素和属性)，但具有不同的解析规则；

• WSDL：用于描述可用的 Web Service；

• WAP 和 WML：主要用于手持设备的标记语言；

• RSS：用于 RSS feed 的语言，RSS 是一种用于共享新闻和其他 Web 内容的数据交换规范；

* RDF 和 OWL：用于描述资源和本体；
* SMIL：用于描述针对 Web 的多媒体。

XSD 是 XML 结构定义（XML Schemas Definition），它也是轻量级 WebService 平台中表示数据的基本格式。WebService 平台是用 XSD 来作为数据类型系统的。当使用某种语言如 VB. NET 或 C#来构造一个 WebService 时，为了符合 WebService 标准，所有使用的数据类型都必须被转换为 XSD 类型。如果想让它能够在不同平台和不同软件的不同组织间传递，还需要用某种协议（如 SOAP）将它封装起来。

（2）JSON

JSON 即 JavaScript Object Notation，也是目前一种轻量级的数据交换格式，非常适合于服务器与 JavaScript 的交互。目前主流的浏览器对 JSON 支持都非常完善。对那些应用 Ajax 的 Web 2.0 网站来说，JSON 确实是目前最灵活的轻量级方案。和 XML 一样，JSON 采用完全独立于语言的文本格式，也使用了类似于 C 语言（包括 C、C++、C#、Java、JavaScript、Perl、Python 等）。这些特性使 JSON 成为理想的数据交换语言，易于阅读和编写，同时也易于机器解析和生成。

XML 虽然拥有跨平台，跨语言的优势，但是除非应用于 Web Services，否则在普通的 Web 应用中，开发者经常为 XML 的解析伤透了脑筋，无论是服务器端生成或处理 XML，还是客户端用 JavaScript 解析 XML，都常常导致复杂的代码，极低的开发效率。由于 JSON 天生是为 JavaScript 准备的，因此，JSON 的数据格式非常简单，开发者可以用 JSON 传输一个简单的 String、Number、Boolean，也可以传输一个数组或者一个复杂的 Object 对象。例如，用 JSON 表示一个简单的 String "abc"，其格式为："abc"。除了字符"，\，/和一些控制符（\b，\f，\n，\r，\t）需要编码外，其他 Unicode 字符可以直接输出。

JSON 和 XML 有一个很大的区别在于有效数据率。JSON 作为数据包格式传输的时候具有更高的效率，这是因为 JSON 不像 XML

108

那样需要有严格的闭合标签，这就让有效数据量与总数据包比大大提升，从而减少同等数据流量下网络的传输压力。

XML 和 JSON 都使用结构化方法来标记数据，下面来做一个简单的比较。

用 XML 表示中国部分省市的数据如下：

```
<?xmlversion="1.0"encoding="utf-8"?>
<country>
<name>中国</name>
<province>
<name>黑龙江</name>
<cities>
<city>哈尔滨</city>
<city>大庆</city>
</cities>
</province>
<province>
<name>广东</name>
<cities>
<city>广州</city>
<city>深圳</city>
<city>珠海</city>
</cities>
</province>
<province>
<name>台湾</name>
<cities>
<city>台北</city>
<city>高雄</city>
</cities>
</province>
<province>
```

```
<name>新疆</name>
<cities>
<city>乌鲁木齐</city>
</cities>
</province>
</country>
```

用 JSON 表示如下：

```
{
"name":"中国",
"province"：[
{
"name":"黑龙江",
"cities"：{
"city"：["哈尔滨","大庆"]
}
},
{
"name":"广东",
"cities"：{
"city"：["广州","深圳","珠海"]
}
},
{
"name":"台湾",
"cities"：{
"city"：["台北","高雄"]
}
},
{
"name":"新疆",
"cities"：{
```

```
"city"：["乌鲁木齐"]
     }
   }
 ]
}
```

从编码的可读性上看 XML 有明显的优势，JSON 读起来更像一个数据块，读起来就比较费解了。不过读起来费解的语言恰恰适合机器阅读，所以通过 JSON 的索引 . province[1]. name 就能够读取"广东省"这个值。

4.2.2.2 SOAP 协议

SOAP 即简单对象访问协议(Simple Object Access Protocol)，具有简单、可扩展、与平台无关等优点。SOAP 描述了一种在分散的或分布式的环境中如何交换信息的轻量级协议，是一种轻量的、简单的、基于 XML 的协议。它被设计成在 Web 上交换结构化的和固化的信息，成为交换数据的一种协议规范。SOAP 可以与现存的许多因特网协议和格式结合使用，包括超文本传输协议(HTTP)，简单邮件传输协议(SMTP)，多用途网际邮件扩充协议(MIME)。它还支持从消息系统到远程过程调用(RPC)等大量的应用程序。

SOAP 通信协议使用 HTTP/HTTPS 来发送 XML 格式的信息，HTTP 与 RPC 的协议相似，简单而且配置广泛，由于 SOAP 使用 HTTP 80 端口，这样使得数据包可以透过防火墙，完成 RPC 的功能。HTTP 请求由 WebServer 来处理。SOAP 把 XML 的使用代码化为请求和响应参数编码模式，并用 HTTP 作传输。一个 SOAP 使用过程可以简单地看作遵循 SOAP 编码规则的 HTTP 请求和响应，SOAP 终端可以看作一个基于 HTTP 的 URL，用来识别方法调用的目标。SOAP 不需要具体的对象绑定到一个给定的终端，而是由具体实现程序来决定怎样把对象终端标识符映像到服务器端的对象。

SOAP 由 4 部分组成：

①SOAP 封装(Envelop)，它定义了一个框架，描述消息中的内容是什么，是谁发送的，谁应当接收并处理它以及如何处理它。

②SOAP 编码规则(Encodingrules)，它定义了一种序列化的机

制，用于表示应用程序需要使用的数据类型的实例。

③SOAPRPC 表示（RPCrepresentation），它定义了一个协定，用于表示远程过程调用和应答。

④SOAP 绑定（Binding），它定义了 SOAP 使用哪种协议交换信息，使用 HTTP/TCP/UDP 协议都可以。

一个 SOAP 消息由一个强制的 SOAP Envelope、一个可选的 SOAP Header 和一个强制的 SOAP Body 组成的 XML 文档，如图 4-8 所示。

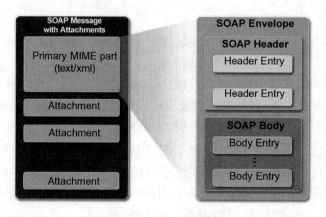

图 4-8　SOAP 消息结构

SOAP Envelope 表示一个 SOAP 消息的顶级元素。SOAP Header 是能够被 SOAP 消息路径中任意的 SOAP 接收者处理的一组 SOAP 条目。SOAP 定义了很少的一些属性来用于指明谁可以处理该特性以及它是可选的还是强制的。SOAP Body 为该消息的最终接收者所想要得到的那些强制信息提供了一个容器。此外，SOAP 定义了 Body 的一个子元素 Fault 用于报告错误。

下面对 SOAP 应用进行一个举例，如一个 GetStockPrice 请求被发送到了服务器。此请求有一个 StockName 参数，而在响应中则会返回一个 Price 参数。此功能的命名空间被定义在此地址中："http：//www. example. org/stock"。

SOAP 请求：

POST/InStockHTTP/1. 1

Host：www. example. org

Content-Type：application/soap+xml；charset＝utf-8

Content-Length：nnn

<？ xmlversion＝"1. 0"？ >

<soap：Envelope

xmlns：soap＝"http：//www. w3. org/2001/12/soap-envelope"

soap：encodingStyle ＝ " http：//www. w3. org/2001/12/soap-encoding">

<soap：Bodyxmlns：m＝"http：//www. example. org/stock">

<m：GetStockPrice>

<m：StockName>IBM</m：StockName>

</m：GetStockPrice>

</soap：Body>

</soap：Envelope>

SOAP 响应：

HTTP/1. 1200OK

Content-Type：application/soap+xml；charset＝utf-8

Content-Length：nnn

<？ xmlversion＝"1. 0"？ >

<soap：Envelope

xmlns：soap＝"http：//www. w3. org/2001/12/soap-envelope"

soap：encodingStyle ＝ " http：//www. w3. org/2001/12/soap-encoding">

113

<soap：Bodyxmlns：m=" http：//www. example. org/stock" >
<m：GetStockPriceResponse>
<m：Price>34.5</m：Price>
</m：GetStockPriceResponse>
</soap：Body>

</soap：Envelope>

4.2.2.3　WSDL 语言

WSDL 即 Web 服务描述语言（Web Services Description Language），是基于 XML 的用于描述 Web 服务以及如何访问 Web 服务的语言。服务提供者通过服务描述将所有用于访问 Web 服务。WSDL 主要用以下几个元素来描述某个 Web 服务，见表4-1。

表4-1　　　　　　　　WSDL 的几个元素及定义

元　素	定　义
<portType>	web service 执行的操作
<message>	web service 使用的消息
<types>	web service 使用的数据类型
<binding>	web service 使用的通信协议

①Type(消息类型)：数据类型定义的容器，它使用某种类型系统(如 XSD)。

②Message(消息)：通信数据的抽象类型化定义，它由一个或者多个 part 组成。

③Part：消息参数。

④Operation（操作）：对服务所支持的操作进行抽象描述，WSDL 定义了以下 4 种操作：

a. 单向(one-way)：端点接收信息；

b. 请求-响应（request-response）：端点接收消息，然后发送相关消息；

c.要求-响应(solicit-response):端点发送消息,然后接收相关消息;

d.通知(notification):端点发送消息。

⑤PortType(端口类型):对于某个访问入口点类型所支持的相关操作的抽象集合,这些操作可以由一个或者多个服务点来支持。

⑥Binding:特定端口类型的具体协议和数据格式规范。

⑦Port:定义为协议/数据格式绑定与具体 Web 访问地址组合的单个服务访问点。

⑧Service:相关端口的集合,包括其关联的接口、操作、消息等。

下面以一个简单的 WSDL 文档为例来说明这个问题:

```
<message name="getTermRequest">
    <part name="term" type="xs:string"/>
</message>
<message name="getTermResponse">
    <part name="value" type="xs:string"/>
</message>
<portType name="glossaryTerms">
  <operation name="getTerm">
    <input message="getTermRequest"/>
    <output message="getTermResponse"/>
  </operation>
</portType>
```

在这个例子中,<portType>元素把"glossaryTerms"定义为某个端口的名称,把"getTerm"定义为某个操作的名称。

操作"getTerm"拥有一个名为"getTermRequest"的输入消息,以及一个名为"getTermResponse"的输出消息。

<message>元素可定义每个消息的部件以及相关联的数据类型。

对比传统的编程,glossaryTerms 是一个函数库,而"getTerm"是带有输入参数"getTermRequest"和返回参数"getTermResponse"的一个函数。

4.2.2.4　UDDI 服务

UDDI 即"Universal Description, Discovery and Integration"，可译为"通用描述、发现与集成服务"。UDDI 是一种目录服务，可以使用它对 WebServices 进行注册和搜索。程序开发人员通过 UDDI 机制查找分布在互联网上的 WebService，在获取其 WSDL 文件后，就可以在自己的程序中以 SOAP 调用的格式请求相应的服务了。

UDDI 基于现成的标准，如可扩展标记语言(Extensible Markup Language, XML)和简单对象访问协议(Simple Object Access Protocol, SOAP)。UDDI 的所有兼容实现都支持 UDDI 规范。公共规范是机构成员在开放的、兼容并蓄的过程中开发出来的。首先，生成并实现这个规范的 3 个连续版本，然后再把将来开发得到的成果的所有权移交给一个独立的标准组织。如图 4-9 所示，UDDI 包含于完整的 Web 服务协议栈之内，而且是协议栈基础的主要部件之一，支持创建、说明、发现和调用 Web 服务。

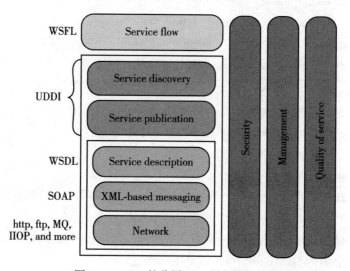

图 4-9　UDDI 的分层 Web 服务协议栈

UDDI 构建于网络传输层和基于 SOAP 的 XML 消息传输层之上。诸如 Web 服务描述语言(Web Services Description Language,

WSDL)之类的服务描述语言提供了统一的 XML 词汇(与交互式数据语言(Interactive Data Language, IDL)类似)供描述 Web 服务及其接口使用。用户可以通过添加分层的功能搭起整个基础, 比如使用 Web 服务流程语言(Web Services Flow Language, WSFL)的 Web 服务工作流描述、安全性、管理和服务质量功能, 从而解决系统可靠性和可用性问题。

UDDI 注册中心由 UDDI 规范的一种或多种实现组成, 它们可以互操作以共享注册中心数据。有一种特殊的 UDDI 注册中心是由一组对外公开访问的叫做节点的 UDDI 实现构成。它们互操作以共享注册中心数据, 合在一起就形成了 UDDI 业务注册中心。该注册中心免费向大众开放。在所有的运营商(Operator)站点上都放着 UDDI 业务注册中心的全部条目, 但只有在创建条目的站点才能对条目进行更改。UDDI 注册中心包含了通过程序手段可以访问到的对企业和企业支持的服务所做的描述。此外, 还包含对 Web 服务所支持的因行业而异的规范、分类法定义(用于对于企业和服务很重要的类别)以及标识系统(用于对于企业很重要的标识)的引用。UDDI 提供了一种编程模型和模式, 它可定义与注册中心通信的规则。UDDI 规范中所有 API 都用 XML 来定义, 包装在 SOAP 信封中, 在 HTTP 上传输。可以将 UDDI 注册中心与因特网搜索引擎相比较。搜索引擎包含经过索引和分类的有关万维网网页的信息。然而, 因特网搜索引擎只返回 Web 页面的 URL, 而 UDDI 注册中心不仅需要返回服务的位置, 而且还需要返回有关服务、服务的工作方式、所使用的参数及其返回值等信息。

图 4-10 说明了 UDDI 消息的传输, 通过 HTTP 从客户机的 SOAP 请求传到注册中心节点, 然后再反向传输。注册中心服务器的 SOAP 服务器接收 UDDI SOAP 消息、进行处理, 然后把 SOAP 响应返回给客户机。就注册中心条例而言, 客户机发出的要修改数据的请求必须确保是安全的、经过验证的事务。

UDDI 解决了企业遇到的大量问题。首先, 它能帮助拓展商家到商家(B2B)交互的范围并能简化交互的过程。对于那些需要与不同顾客建立许多种关系的厂家来说, 每家都有自己的一套标准与协

117

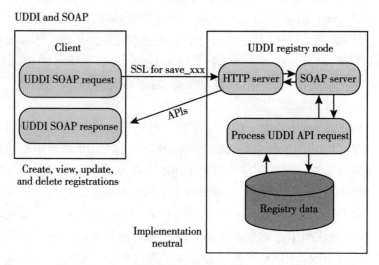

图 4-10　UDDI 消息在客户机和注册中心之间的流动

议，UDDI 支持一种适应性极强的服务描述，几乎可以使用任何接口。例如，对于一家位置偏僻的花店，虽然很希望能进入世界上的所有市场，但苦于不知道怎样才能成功，UDDI 提供了一种能实现这一目标的办法。规范允许企业在注册中心中发布它所提供的服务，这样发布企业及服务就变得高效而且简单了。

4.3　UPnP 应用

　　UPnP 是通用即插即用（Universal Plug and Play）的缩写，主要用于设备的智能互联互通，使用 UPnP 协议不需要设备驱动程序，它可以运行在目前几乎所有的操作系统平台上，使得在办公室、家庭和其他公共场所方便地构建设备互联互通成为可能。UPnP 规范是基于 TCP/IP 协议和针对设备彼此间通信而制定的新的 Internet 协议，UPnP 是一种分布式的、开放的网络架构。

　　UPnP 推动了 Internet 技术的发展，包括 IP、TCP、UDP、HTTP、SSDP 和 XML 等技术。Internet 是以有线应用协议为基础，

而该协议是说明性的、利用 XML 进行表述和 HTTP 进行传输的。当成本、技术或经费等方面的因素阻止了在某种媒介里或连接其中的设备上运用 IP 时，UPnP 能够通过桥接的方式提供非 IP 协议的媒体通道。UPnP 不会为应用程序指定 API，因此，各类无线嵌入式应用系统可以自己创建 API 来满足客户的需求。

UPnP 是 Internet 及 LAN 中使用的以 TCP/IP 协议为基础的技术。通过无线网络上网的使用者都是处于内网，为了保证像 BT 这样的 P2P 软件能正常工作，开启 UPnP 是必须的，而目前大多数无线路由器都具有此项功能。大多数无线路由器的 UPnP 默认为关闭，使用者可手动开启该功能，重启路由器后即可生效。

4.3.1 UPnP 基本术语

（1）UUID

UUID 的含义是通用唯一识别码（Universally Unique Identifier），其目的是让分布式系统中的所有元素都有唯一的标识，其格式为 xxxxxxxx-xxxx-xxxx-xxxxxxxxxxxxxxxx（8-4-4-16），分别表示当前的日期、时间、始终序列、全局唯一的 IEEE 机器标识，如果有网卡，则从网络的 MAC 地址获取，没有网卡则以其他方式获得。

（2）UDN

UDN 为单一设备名字（Unique Device Name），基于 UUID，表示一个设备在不同的时间对于同一台设备此值应该是唯一的。

（3）URI

Web 上可用的每种资源，包括 HTML 文档、图像、视频片段、程序等，由一个通用资源标识符（Universal Resource Identifier）进行定位。URI 一般由以下 3 部分组成：访问资源的命名机制、存在资源的主机名和资源自身的名称，由路径表示。考虑下面的 URI，它表示了当前的 HTML5 规范：http：//www. Webmonkey. com. cn/html/html40/，它表示一个可通过 HTTP 协议访问的资源，位于主机 www. Webmonkey. com. cn 上，通过路径"/html/html40"访问。

（4）URL

URL 是 URI 命名机制的一个子集，URL 是 Uniform Resource

Location 的缩写，译为"统一资源定位符"。形象地说，URL 是 Internet 上用来描述信息资源的字符串，主要用在各种 WWW 客户程序和服务器程序上，采用 URL 可以用一种统一的格式来描述各种信息资源，包括文件、服务器的地址和目录等。

(5) URN

URN 是 URL 的一种更新形式，统一资源名称 (Uniform Resource Name)。唯一标识一个实体的标识符，但是不能给出实体的位置。URN 可以提供一种机制，用于查找和检索定义特定命名空间的架构文件。尽管普通的 URL 可以提供类似的功能，但是 URN 更强大更容易管理，因为它可以引用多个 UR。

4.3.2　UPnP 基本组件

服务、设备和控制点是 UPnP 网络的基本组件，它们之间的关系如图 4-11 所示。

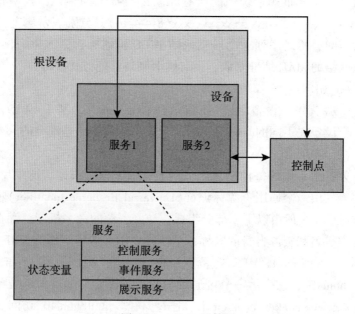

图 4-11　UPnP 组件图

- 设备(Device)

UPnP 网络中定义的设备具有很广泛的含义,各种各样的家电、电脑外设、智能设备、无线设备、个人电脑等都可以称为设备。一台 UPnP 设备可以是多个服务的载体或多个子设备的嵌套。

- 服务(Service)

在 UPnP 网络中,最小的控制单元就是服务。服务描述的是指设备在不同情况下的动作和设备的状态。例如,时钟服务可以表述为时间变化值、当前的时间值以及设置时间和读取时间两个活动,通过这些动作,就可以控制服务。

- 控制点(Control Point)

在 UPnP 网络中,控制点指的是可以发现并控制其他设备的控制设备。在 UPnP 网络中,设备可以和控制点合并为同一台设备,同时具有设备的功能和控制点的功能,既可以作为设备提供服务,也可以作为控制点发现和控制其他设备。

4.3.3 UPnP 协议栈

UPnP 定义了设备之间、设备和控制点、控制点之间通信的协议。完整的 UPnP 由设备寻址、设备发现、设备描述、设备控制、事件通知和基于 Html 的描述等几部分构成。UPnP 设备协议栈如图 4-12 所示。

UPnP 协议结构最底层的 TCP/IP 协议是 UPnP 协议结构的基础。IP 层用于数据的发送与接收。对于需要可靠传送的信息,使用 TCP 进行传送,反之则使用 UDP。UPnP 对网络的底层没有要求,可以是以太网、Wi-Fi、IEEE1394 等,只需支持 IP 协议即可。

构建在 TCP/IP 协议之上的是 HTTP 协议及其变种,这一部分是 UPnP 的核心,所有 UPnP 消息都被封装在 HTTP 协议及其变种中。HTTP 协议的变种是 HTTPU 和 HTTPMU,这些协议的格式沿袭了 HTTP 协议,只不过与 HTTP 不同的是,它们是通过 UDP 而非 TCP 来承载的,并且可用于组播进行通信。

(1)SSDP 协议

简单服务发现协议(Simple Service Discovery Protocol, SSDP),

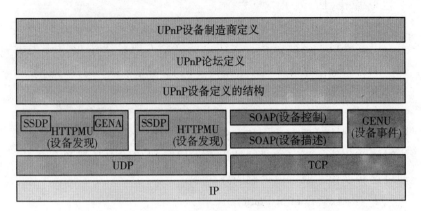

图 4-12　UPnP 设备协议栈

是内建在 HTTPU/HTTPMU 里，定义如何让网络上有的服务被发现的协议。具体包括控制点如何发现网络上有哪些服务，以及这些服务的资讯，还有控制点本身宣告它提供哪些服务。该协议运用在 UPnP 工作流程的设备发现部分。

（2）SOAP 协议

简单对象访问协议 SOAP 定义如何使用 XML 与 HTTP 来执行远程过程调用（Remote Procedure Call，RPC）。包括控制点如何发送命令消息给设备，设备收到命令消息后如何发送响应消息给控制点。该协议运用在 UPnP 工作流程的设备控制部分。

（3）GENA 协议

通用事件通知架构（Generic Event Notification Architecture，GENA）定义在控制点想要监听设备的某个服务状态变量的状况时，控制点如何传送订阅信息并如何接收这些信息，该协议运用在 UPnP 工作流程的事件订阅部分。

4.3.4　UPnP 实现的工作流程

UPnP 实现的工作流程如图 4-13 所示。

①寻址（Addressing）：控制点和设备都先获取 IP 地址后才能进行下一步的工作；

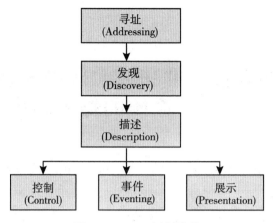

图 4-13　UPnP 运行流程

②发现(Discovery)：控制点首先要寻找整个网络上的 UPnP 设备，同时网络上的设备也要宣告自身的存在；

③描述(Description)：控制点要取得设备的描述，包括这些设备提供什么样的服务；

④控制、事件与展示(Control、Eventing、Presentation)：控制点发出动作信息给设备，控制点监听设备的状态，当状态改变时作出相应的处理动作。

本 章 小 结

无线嵌入式互联网需要提供各种经典的因特网应用，如 Web、FTP 等，同时又要考虑工作节点资源有限、处理能力有限等的局限，需要对现有的各种应用协议进行精简和优化。本章选取 CoAP、轻量化 WebServer 与简单 WebService、UPnP 等几种典型的应用及其相关协议进行了介绍，为无线嵌入式互联网的应用提供了参考方法。

第5章 低功耗无线嵌入式 系统的操作系统

当前有很多嵌入操作系统，如 Linux、μC/OS、eCos、RTOS、QNX、WinCE、Palm OS、VxWorks 以及 Android、iOS、Windows Mobile 等智能手机和平板电脑中的操作系统。这些操作系统中有基于微内核架构的嵌入式操作系统，也有基于单体内核架构的操作系统，以及一些经过优化后的嵌入式操作系统。由于这些操作系统主要面向嵌入式领域相对复杂的应用，其功能也比较复杂，例如，它们一般提供内存动态分配、虚拟内存实时性支持、文件管理系统等。这些系统代码尺寸相对较大，技术也比较成熟，对嵌入式设备的硬件要求比较高，而且一般本身就带有 TCP/IP 协议库或者协议栈，因此，这样的嵌入式应用其操作系统功能相对容易。但是有一类无线嵌入式网络(如基于 IEEE 802.15.4 所组成无线传感网络)由于节点功能单一、资源有限、处理速度也较慢，通常工作时无需像 PC 或者手机应用程序那样具有可交互性，因此往往采用特殊的操作系统，如 Contiki、TinyOS、MantisOS、SOS、Nano-RK、TronProject、BTnut 等。这些操作系统功能简单、效率高，往往适用于无线嵌入式互联网。本章将选择几种有代表性的轻量化低功耗嵌入式操作系统进行介绍。

5.1 Contiki 操作系统

Contiki 是一个开源的、高度可移植的多任务操作系统，适用于物联网以及各种低功耗嵌入式系统和无线传感网络。它是由瑞典计算机科学学院(Swedish Institute of Computer Science)的 Adam

Dunkels 和他的团队以及来自世界各地的众多开发者共同开发而成的，包括 Atmel、Cisco、ETH、Redwire LLC、SAP、Thingsquare、SmeshLink 以及其他许多公司或机构等。Contiki 的作者 Adam Dunkels 研发的 LwIP、μIP、Protothred、Contiki 等软件，都在工业界得到广泛应用。Adam Dunkels 还是 IPSO 组织的发起人之一，未来将会不断推进 6LoWPAN 的标准化及应用。

Contiki 完全采用 C 语言开发，可移植性非常好，对硬件的要求极低，能够运行在各种类型的微处理器及计算机上，目前已经移植到 8051 单片机、MSP430、AVR、ARM、PC 等硬件平台上。Contiki 适用于存储器资源十分受限的嵌入式单片机系统，在典型配置下，Contiki 只占用约 2KB 的 RAM 以及 40KB 的 Flash 存储器。Contiki 是开源的操作系统，适用于伯克利软件发行版 BSD（Berkeley Software Distribution）协议，即可以任意修改和发布，无需任何版权费用，因此已经应用在许多项目中。

Contiki 操作系统是基于事件驱动（Event-driven）内核的操作系统，在此内核中，应用程序可以在运行时动态加载，非常灵活。在事件驱动内核的基础上，Contiki 实现了一种轻量级的名为 protothread 的线程模型，以实现线性的、类似于线程的编程风格。该模型类似于 Linux 和 Windows 中线程的概念，多个线程共享同一个任务栈，从而减少 RAM 占用。

Contiki 还提供一种可选的任务抢占机制、基于事件和消息传递的进程间通信机制。Contiki 中还包括一个可选的 GUI 子系统，可以提供对本地串口终端、基于 VNC（Virtual Network Computer）的网络化虚拟显示或者 Telnet 的图形化支持。Contiki 系统内部集成了两种类型的无线传感网络协议栈：μIP 和 Rime。μIP 是一个小型的符合 RFC 规范的 TCP/IP 协议栈，使得 Contiki 可以直接和 Internet 通信。μIP 包含了 IPv4 和 IPv6 两种协议栈版本，支持 TCP、UDP、ICMP 等协议，但是编译时只能二选一，不可以同时使用。Rime 是一个轻量级的、为低功耗无线传感网络设计的协议栈，该协议栈提供了大量的通信原语，能够实现从简单的一跳广播通信，到复杂的可靠多跳数据传输等通信功能。

5.1.1　Contiki 的功能特点

（1）事件驱动的多任务内核

Contiki 采用基于事件的驱动模型，即多个任务共享同一个栈（Stack），而不是像其他操作系统那样每个任务分别占用独立的栈（如 μC/OS、FreeRTOS、Linux 等操作系统）。Contiki 每个任务只占用几字节的 RAM，可以大大节省 RAM 空间，更适合节点资源受限的无线嵌入式互联网应用。

（2）低功耗无线网络协议栈

Contiki 提供完整的 IP 网络和低功耗无线网络协议栈，包含 UDP、TCP、HTTP 等标准 IP 协议。对于 IP 协议栈，支持 IPv4 和 IPv6 两个版本，IPv6 还包括 6LoWPAN 帧头压缩适配器、ROLL RPL 无线网络组网路由协议、CoRE/CoAP 应用层协议，以及一些简化的 Web 工具，包括 telnet、http 和 Web 服务等。Contiki 还实现了无线传感网络领域知名的 MAC 和路由层协议，其中 MAC 层包括 X-MAC、CX-MAC、ContikiMAC、CSMA/CA、LPP 等，路由层包括 AODV、RPL 等。

（3）集成无线传感网络仿真工具

Contiki 提供了 Cooja 无线传感网络仿真工具，能够以多对协议在计算机上进行仿真，仿真通过后才下载到节点上进行实际测试，有利于发现问题，减少调试工作量。除此之外，Contiki 还提供 MSPsim 仿真工具，能够对 MSP430 微处理器进行指令级模拟和仿真。仿真工具对于科研、算法和协议验证、工程实施规划、网络优化等很有帮助。

（4）集成 Shell 命令行调试工具

无线传感网络中的节点数量多，节点的运行维护是一个难题，Contiki 可以通过多种方式进行交互，如 Web 浏览器、基于文本的命令行接口或者存储和显示传感器数据的专用程序等。基于文本的命令行接口是类似于 Unix 命令行的 Shell 工具，使用者通过串口输入命令可以查看和配置传感器节点的信息、控制其运行状态，是部署、维护中实用而有效的工具。

(5)基于 Flash 的小型文件系统

Contiki 实现了一个简单、小巧、易于使用的轻量级文件系统，称为小型文件系统(Coffee File System，CFS)，它是基于 Flash 的文件系统，用于在资源受限的节点上存储数据和程序。CFS 是针对传感器网络数据采集、数据传输需求以及硬件资源受限的特点而设计的，因此，在耗损平衡、坏块管理、掉电保护、垃圾回收、映射机制等方面进行优化，具有使用的存储空间少、支持大规模存储的特点。CFS 的编程方法与常用的 C 语言编程类似，提供 open、read、write、close 等函数，易于使用。Coffee 文件系统的效率能够达到原生 Flash 存储操作的95%。

(6)集成功耗分析工具

Contiki 的设计目的是在极端低功耗的系统中运行，这些系统甚至可能只需要用一对 AA 电池就能够工作许多年。Contiki 为辅助这些低功耗系统的开发提供了功耗估计和功耗分析机制。为了延长传感器网络的生命周期，控制和减少传感器节点的功耗至关重要，无线传感网络领域提出的许多网络协议都围绕降低功耗而展开。为了评估网络协议以及算法能耗性能，需要测量出每个节点的能量消耗，由于节点数量多，使用仪器测试几乎不可行。Contiki 提供了一种基于软件的能量分析工具，自动记录每个传感器节点的工作状态、时间，并计算出能量消耗，在不需要额外的硬件或仪器的情况下，就能完成网络级别的能量分析。Contiki 的能量分析机制既可用于评价传感器网络协议，也可用于估算传感器网络的生命周期。

(7)开源免费

Contiki 采用 BSD 授权协议，使用者可以下载代码，用于科研和商业，且可以任意修改代码，无需任何专利以及版权费用，是彻底的开源软件。尽管是开源软件，但是 Contiki 开发十分活跃，还在持续不断地更新和改进之中。

5.1.2　Contiki 的源代码结构

Contiki 是一个高度可移植的操作系统，它的设计就是为了获得良好的可移植性，因此，源代码的组织很有特点。Contiki 源文件目录可以在 Contiki 官网的源代码中找到。打开 Contiki 源文件目录，可以看到主要有 Apps、Core、Cpu、Doc、Examples、Platform、Tools 等目录。下面分别介绍各个目录：

（1）Core

此目录下是 Contiki 的核心源代码，包括网络（net）、文件系统（cfs）、外部设备（dev）、链接库（lib）等，以及时钟、I/O、ELF 装载器、网络驱动等的抽象。

（2）Cpu

此目录下是 Contiki 目前支持的微处理器，如 arm、avr、msp430 等。如果需要支持新的微处理器，可以就在这里添加相应的源代码。

（3）Platform

此目录下是 Contiki 支持的硬件平台，例如，mx231cc、micaz、sky、win32 等。Contiki 的平台移植主要在这个目录下完成。这一部分的代码与相应的硬件平台相对应。

（4）Apps

此目录下是一些应用程序，如 ftp、shell、Webserver 等，在项目程序开发过程中可以直接使用。在项目的 Makefile 中，定义 APPS=[应用程序名称]。

（5）Examples

此目录下是针对不同平台的示例程序。Smeshlink 的示例程序也在其中。

（6）Doc

此目录是 Contiki 帮助文档目录，对 Contiki 应用程序开发很有参考价值。使用前需要先用 Doxygen 编译。

（7）Tools

此目录下是开发过程中常用的一些工具，如 CFS 相关的 makefsdata、网络相关的 tunslip、模拟器 cooja 和 mspsim 等。

为了获得良好的可移植性，除了 Cpu 和 Platform 中的源代码与硬件平台相关以外，其他目录中的源代码都可能与硬件无关。编译时，根据指定的平台链接对应的代码。

5.1.3 Contiki 的环境搭建

Contiki 官方提供的开发环境是基于 ubuntu 的，因为在 Linux 下有一系列的 GCC 工具链，但对于不熟悉 Linux 系统的人来说用起来很不方便。因此，一般在 Windows 平台下用一些替代软件来组成具有友好图形界面的 IDE，方便开发者使用。采用的硬件平台为 AVR 单片机，所涉及的所有软件均可在网上免费下载使用。

（1）安装 WinAVR

对于 C 语言软件开发，最重要的莫过于编译器。在 Linux 下有一整套完整功能的 GCC，而在 Windows 下也有开源的 Windows 版本的 GCC 工具，即 WinAVR，其下载地址为 http：//sourceforge. net/projects/winavr/files/。下载后双击默认安装即可。

（2）安装 Eclipse

Eclipse 是一个开源的软件开发界面。它只提供一个 IDE 框架，扩展能力非常强，它本身并不包含任何编译器，因而配合外部编译器可编译任何平台任何语言的程序。这里配合之前安装的 WinAVR 中的 avr-gcc 编译器来编译 AVR 单片机的 C 语言程序。因为 Eclipse 是用 Java 语言写成的，运行时必须基于 JRE，所以先下载安装 JRE。下载地址为 http：//www. java. com/en/download/manual. jsp。然后下载 Eclipse 选择任意版本皆可，不同版本只是预装的编译器不同而已，下载地址为 http：//www. eclipse. org/downloads/。

（3）安装 AVR-eclipse

为了方便在 Eclipse 下开发 AVR 程序，需要在 Eclipse 中安装一个辅助插件，即 AVR-eclipse。下载地址为 http：//avr-eclipse. sourceforge. net/wiki/index. php/Plugin_Download。avr-eclipse 可在线安装，也可下载安装，网页上都有详细的安装过程。在 Eclipse 中单击 Help->Install New Software…，在弹出的对话框中单击 add 对应的插件即可。

（4）安装 active-perl

Contiki 系统包括成百上千个源文件，为了方便编译，系统采用 makefile 进行管理。在 Linux 下，系统自带 sed 等工具方便在

makefile 中使用正则表达式，而在 Windows 系统中可以用 perl 语言来代替。下载 active-perl 的地址为：

http：//www. activestate. com/activeperl/downloads。下载完成后双击安装。

(5)安装 AVR Studio

AVR Studio 是 Atmel 公司提供的 AVR 单片机集成开发和调试环境，支持 jtag mkii 等调试器。在 Atmel 官网（http：//www. atmel. com/）可以下载最新版本。

至此，就可以下载 Contiki 文件（https：//github. com/Contiki/Contiki-mirror）进行各种基于 Contiki 的应用开发和部署了。

5.2 TinyOS 操作系统

TinyOS 是由美国加州大学伯克利分校设计和开发的一个开源的适用于无线传感网络特殊开发需要的微型操作系统，当前使用的 mica、telos 等系列无线传感器节点就是基于 TinyOS。

为满足无线传感网络开发的特殊要求，TinyOS 中引入以下 4 种技术：轻线程、主动消息、事件驱动和组件化编程。轻线程主要针对节点并发操作可能比较频繁，且线程比较短，传统的进程/线程调度无法满足的问题提出来的，因为使用传统调度算法会产生大量用在无效进程切换过程中的资源。TinyOS 基于组件（Component-based）的架构方式能够快速实现各种应用，模块化设计又使得程序代码大幅度减少，TinyOS 核心代码和数据大概仅有 400 字节，能够突破传感器存储资源少的限制，让 TinyOS 很有效地运行在无线传感网络节点上，并执行相应的管理工作等。

TinyOS 本身提供了一系列的系统组件，可以简单而方便地编制程序，用来获取和处理传感器的数据并通过无线方式来传输信息。可以把 TinyOS 看成是一个能与传感器进行交互的 API 接口，它们之间可以进行各种通信。TinyOS 在构建无线传感网络时，它会有一个基地控制台，主要用来控制各个传感器子节点，并聚集和处理它们采集到的信息。TinyOS 只在控制台发出管理信息，然后由各个节点通过无线网络互相传递，最后达到协同一致的目的，比较方便。

5.2.1 TinyOS 的框架结构

TinyOS 操作系统包括软件层、传感应用层和硬件层。其中，硬件物理层由传感器、收发器和时钟等硬件组成，这些硬件能够触发事件并把信息交由上层处理，同时作为上层的软件应用层会发出命令给下层硬件层处理。操作系统各个层之间的协调需要进行有序的处理，这个任务交由操作系统的调度机制来处理。TinyOS 的总体框架如图 5-1 所示。

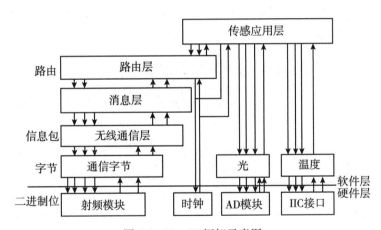

图 5-1 TinyOS 框架示意图

TinyOS 操作系统是基于组件的操作系统，系统有各种处理函数。组件由不同功能的函数组成，包括任务集合、命令处理函数、事件处理函数和一个描述状态信息的框架。硬件系统的初始化、系统调度和 C 运行时库(C Run-Time)这 3 个组件是操作系统 TinyOS 必不可少的，在开发过程中，可以调用操作系统 TinyOS 内的组件。TinyOS 组件的功能模块如图 5-2 所示。

这个系统是面向组件的系统，它有许多优点。首先，这个系统使用的调度机制是独立的一块，能够满足不同的调度需要，并可以

图 5-2　TinyOS 组件的功能模块

根据需要修改和升级；其次，系统内部的组件之间使用双向信息控制机制，这个机制基于"命令—事件"的组件模型，这样系统的使用会更加灵活；最后，由于基于"事件—命令—任务"的组件模型能够屏蔽硬件驱动细节，使应用开发者能够更加方便地在该系统内进行应用程序开发。

5.2.2　TinyOS 的硬件平台抽象

TinyOS 2.x 中的硬件抽象一般遵循 3 层的抽象层次，被称为 HAA（Hardware Abstraction Architecture），分别为硬件表示层（Hardware Presentation Layer，HPL）、硬件抽象层（Hardware Abstraction Layer，HAL）和硬件接口层（Hardware Interface Layer，HIL）。通过对硬件平台进行不同层次的抽象，可以在系统开发中有区别地向上层屏蔽硬件特征，从而在不同程度上隔离上层组件和物理平台，便于程序移植。在功能上，硬件抽象组件相当于底层硬件的驱动程序，上层组件通过硬件抽象组件提供的接口进行调用，如图 5-3 所示。

硬件表现层 HPL 位于 HAA 结构的最下面。HPL 层是在原始硬件之上的软件层，使用 nesC 接口来表示硬件，如 I/O 引脚或寄存器等。硬件表示层可以通过存储器或者端口的映射来对硬件平台上的某个模块（如存储模块、通信模块等）进行直接操作与控制，可以对上层屏蔽硬件特征，实现软件和硬件的分离。这样就能实现该模块硬件功能的软件语言表达。HPL 组件一般有 HPL 前缀。

硬件抽象层 HAL 位于 HAA 结构的中间。由于 HAL 位于 HPL

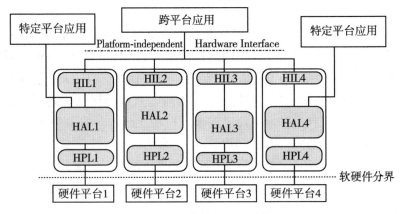

图 5-3　硬件抽象体系结构

层之上，所以 HAL 层能够提供更高一级的抽象，比 HPL 更为方便实用，但是它仍然具备提供底层硬件的功能。在硬件表现层的基础上，HAL 可以实现对硬件的功能操作，这是 HAA 系统的核心。如果要实现平台上的某个模块提供的全部功能，必须调用 HAL 层的接口。它和 HPL 组件不同的是，它能够允许维护被用于仲裁和资源控制的状态。通常情况下，HAL 组件前面都有一个芯片名前缀。

硬件接口层 HIL 是 HAA 结构的最上层。HIL 主要用来提供与硬件无关的应用。这就要 HIL 不能像 HAL 一样提供硬件的所有功能。硬件接口层是针对平台上不同芯片的更高的层次抽象。该硬件接口层通过不同的硬件抽象层提供的接口，把平台上不同芯片的组件封装成与底层组件芯片，甚至硬件芯片无关的接口供高层调用，可以用来屏蔽不同芯片的差异，实现了兼容性较强的跨平台抽象体。但是 HIL 组件没有特殊前缀，对于 TinyOS 而言，ActiveMessageC 就是其 HIL 组件。

从图 5-3 可以看出，HPL/HAL 提供了对硬件操作的全部功能。因为 HIL 在最高层，是最高的抽象层，所以该层实现了与平台的无关性。在程序设计中，可以根据需要使用各个层的接口。

133

5.2.3 TinyOS 的调度机制

事件和任务是 TinyOS 操作系统中最主要的两个触发源。这两个触发源容易出现并发冲突的问题,这是 TinyOS 操作系统调度机制要解决的问题。为了解决这个问题,该操作系统内的调度器能够实现任务和事件的二级调度。TinyOS 对于事件的调度是遵循抢占任务方式的机制,并且事件之间也可以相互抢占。但是 TinyOS 对于任务的调度则使用先进先出(FIFO)的机制,并且任务之间不能互相抢占。从调度器对这两者不同的调度机制可以看出,事件的优先级高于任务,同时由事件调用的命令优先级也高于任务。TinyOS 调度器如图 5-4 所示。

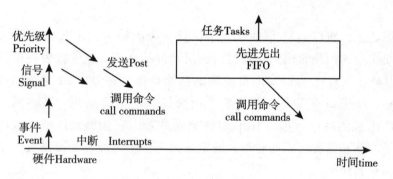

图 5-4 TinyOS 调度器

TinyOS 调度器是操作系统 TinyOS 中的一个组件部分。调度器主要用来支持最基本的任务模型,同时还负责协调不同的任务类型,并且也支持任务接口。

在任务调度管理上,TinyOS 给予了很大的空间。应用开发者可以根据开发需要来设计调度策略替换操作系统内的调度器,如最早任务优先、任务优先级等。但是程序员不能随意改变调度策略,由于 nesC 语言编译器支持静态并发性分析,所以 TinyOS 推荐使用非抢占式的调度策略,不然会违背规则。

5.2.4 nesC 语言

在使用 TinyOS 之前，有必要了解一下 nesC 编程语言，因为 TinyOS 操作系统本身也是由 nesC 编写完成的，基于 TinyOS 操作系统的应用也需要由 nesC 编写完成。

nesC 即 Network Embedded System C，可以看成是 C 语言的一种扩展，只要懂 C 语言编程的程序设计人员，很容易了解和掌握 nesC 语言。nesC 体现 TinyOS 的结构化概念和执行模型，非常适合嵌入式网络应用系统开发。nesC 语言有两个基本的概念：组件（Component）和接口（Interface）。nesC 在设计时体现了 TinyOS 的组件化思想，实现结构和内容的分离。nesC 应用程序由各式组件搭配构成，组件和组件之间通过接口互相沟通，根据接口的设置说明组件功能。组件可以理解为对系统软硬件功能进行一个抽象，通过组件可以提高软件重用度和兼容性，程序员只关心组件的功能和自己的业务逻辑，而不必关心组件的具体实现，从而提高编程效率。下面对这两个概念分别进行介绍：

5.2.4.1 接口

一个完整的 nesC 程序是由一系列组件构成的，这些组件彼此之间通过事先定义好的接口进行沟通，接口可以理解为两个组件之间进行交流的渠道，从而达到协调程序各部分间合作的目的。

在一个接口的内部，需要声明提供相关服务的方法，类似于 C 语言中的函数。例如，数据读取接口（Read）内就包含了读取（read）、读取结束（readDone）等函数接口。但是接口终归只是接口，它只有一组函数的声明，并未包含对接口的实现。

下面给出一个简单读取接口（Read）的例子，这个接口主要用来读取某一个环境数据（温度、湿度等）。它只包含两个函数，用于读取数值的 read 和表示读取结束的 readDone，以下是读取接口的代码：

```
interface Read<val_t> {
    asy command error_t read( );
    asy event void readDone( error_t result, val_t val );
```

135

}

从这里可以看出，接口内的函数只包含了函数的声明，但并不包含函数体。接口内的函数分为命令（Command）和事件（Event）两类。命令是接口具有的功能，事件是接口具有的通告事件发生的能力。asy 为可选字段，如果函数前面加上 asy，则表明该函数可以在中断处理程序中被调用。

接口只有被某一个 nesC 组件实现（implementation）才具备真正的执行能力。我们把负责实现某一个接口的组件称为该接口的提供者（provider），而把需要使用该接口的组件称为该组件的使用者（user）。

使用者可以呼叫某一组件提供的接口命令，然后等待相应的事件。例如，组件 A 提供了 Read 接口，A 就需要负责实现 Read 接口内的 read 命令，也就是 read 命令的函数体，即"具体这个值是如何读取出来的"。因为命令是由接口的提供者负责实现的。如果组件 B 使用了 A 提供的 Read 接口，那么在读取数据结束以后，系统会返回给 B 一个"读取结束"的事件，而 B 需要负责处理这个事件，即"数据读取完毕以后，我用这个数据干什么"，将值返回给计算机，或者通过无线发送给其他传感器，等等，所以事件是由接口的使用者来负责实现的。

使用接口的时候需要注意以下几点：

①一个接口可以连接多个同样的接口；

②一个模块可以同时提供一组相同的接口，又称参数化接口，表明该模块可提供多份同类资源，能够同时分享给多个组件；

③接口的提供者未必一定有组件使用，但接口的使用者一定要由组件提供；

④同一个接口可以由不同的组件来实现，但是如果传感器平台不同，Read 接口的提供者就未必相同。例如，telosb 节点和 micaz 节点未必使用同一组件来提供 Read 接口。

5.2.4.2　组件

任何一个 nesC 程序都是由一个或者多个组件连接而成，从而形成一个完整的可执行程序，组件内主要是包含了对各类接口的使用和提供的具体实现。在 nesC 中有两种类型的组件：模块（module）和配置（configuration），其使用的语法规则如图 5-5 所示。

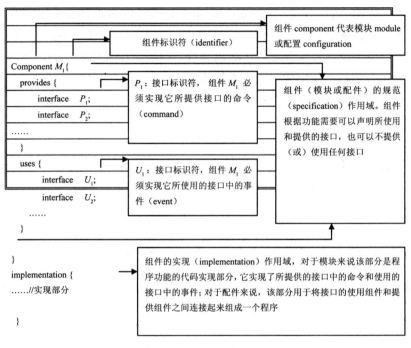

图 5-5　nesC 语法规则

（1）模块

模块主要用于描述组件的接口函数功能以及具体的实现过程，每个模块的具体执行都由 4 个相关部分组成：命令（command）函数、事件（event）函数、数据帧和一组执行线程。其中，命令函数是可直接执行，也可调用底层模块的命令，但必须有返回值，表示命令是否完成。返回值有 3 种可能：成功、失败、分步执行。事件函数是由硬件事件触发执行的，底层模块的事件函数与硬件中断直接关联，包括外部事件、时钟事件、计数器事件。一个事件函数将事件信息放置在自己的数据帧中，然后通过产生线程、触发上层模块的事件函数、调用底层模块的命令函数等方式进行相应处理，因

137

此，节点的硬件事件会触发两条可能的执行方向：模块间向上的事件函数调用和模块间向下的命令函数调用。

（2）配置

配置则是负责将各个模块通过特定的接口连接（wiring）起来，其本身并不负责实现任何特定的命令或者事件。每个 nesC 应用程序都由一个顶级配置描述，其内容就是将该应用程序所用到的所有组件连接起来，形成一个有机整体。

组件设计举例如图 5-6 所示。

模块	配件

module X {
　provides { interface A;
　　　　……
　　　　}
　uses { interface B;
　　　　……
　　　　}
　implementation {
　　　command {……
　　　　}
　　……
　　　event {……
　　}
　}
	configuartion X {
	　　provides interface Y;
	　　　……
	}
	implementation {
	　　components A，B;
	　　A. Y -> B. Y;
	　　……
	}

图 5-6　组件设计举例

图 5-6 中，左边是模块组件 X，关键字"implementation"包含实现模块组件 X 提供和使用接口声明的全部命令和事件。右边是配件组件 X，关键字"implementation"定义执行部分，连接用"->"、"="、"<-"等符号表示，"->"表示位于左边的组件接口要调用位于右边的组件接口。

一个组件可以提供接口(provides),也可以使用接口(uses)。提供的接口描述了该组件提供给上一层调用者的功能,而使用的接口则表示该组件本身工作时需要的功能。接口是一组相关函数的集合,它是双向的并且是组件间的唯一访问点。

5.2.4.3 nesC 程序示例

与 C 语言的存储格式不同,用 nesC 语言编写的文件以".nc"为后缀。每个 *.nc 文件实现一个组件功能。一个完整的应用程序一般有一个称为 Main 的组件作为程序的执行体(类似于 C 的 main 函数),Main 组件调用其他的组件以实现程序的功能。基于 nesC 语言的一般程序框架如图 5-7 所示。

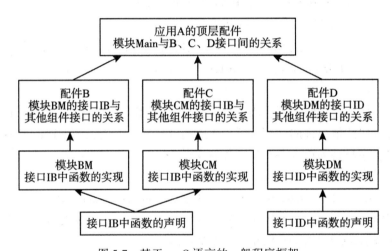

图 5-7 基于 nesC 语言的一般程序框架

下面以 TinyOS 软件中的 Blink 应用程序为例,具体介绍 nesC 应用程序结构。

Blink 程序是一个简单的 nesC 应用程序。它的主要功能是每隔 1s 的时间间隔亮一次,关闭系统时红灯亮。其程序主要包括 Blink.nc、BlinkM.nc 和 SingleTimer.nc 3 个子文件。

(1)Blink.nc 文件

Blink.nc 文件为整个程序的顶层配件文件,关键字为

configuration，通过"->"连接各个对应的接口。文件的关键内容
如下：

```
configuration Blink {
}
implementation {
    components Main, BlinkM, SingleTimer, LedsC;
        //表示该配件使用的所有组件
    Main. StdControl -> SingleTimer. StdControl;
            // Main. StdControl 调用了 SingleTimer. StdControl 和
BlinkM. StaControl
    Main. StdControl -> BlinkM. StdControl;
    BlinkM. Timer -> SingleTimer. Timer;
        //指定 BlinkM 组件要调用的 Timer 和 Ledsc 接口
        BlinkM. Leds -> LedsC;
}
```

从上述代码中可看出，该配件使用了 Main 组件，定义了 Main
接口和其他组件的调用关系，是整个程序的主文件，每个 nesC 应
用程序都必须包含一个顶层配置文件。

（2）BlinkM. nc 文件

BlinkM. nc 为模块文件，关键字为 module、command，通过其
调用 StdControl 接口中的 3 个命令"init，start，stop"连接接口，是
实现 Blink 程序的具体功能。其内容如下：

```
module BlinkM {    //说明 BlinkM 为模块组件
    provides {
        interface StdControl;//提供外部接口，实现 StdControl 中
的命令
    }
    uses {
        interface Timer;//被使用的内部接口
        interface Leds;
    }
```

```
    }
implementation {
    command result_t StdControl. init( ) {
                    //command 执行 StdControl 接口的 3 个函数
        call Leds. init( );          //result_t 为返回值类型
        return SUCCESS;          //初始化组件，返回成功
        }
    command result_t StdControl. start( )
        //时钟每隔 1s 重复计时，"1000"单位为 ms
    return call Timer. start( TIMER_REPEAT, 1000);
    }
    command result_t StdControl. stop( ) {    //停止计时
        return call Timer. stop( );
    }
event result_t Timer. fired ( ) { //事件处理函数，按上面
Timer. start 规定的时间间隔红灯闪烁 1 次
    call Leds. redToggle( );
    return SUCCESS;
    }
}
```

（3）SingleTimer. nc 文件

SingleTimer. nc 为一个配件文件，主要通过 TimerC 和 StdControl 组件接口实现与其他组件之间的调用关系，配件文件还定义了一个唯一时间参数化的接口 Timer。下面给出部分伪代码：

```
configuration {
    providers interface Timer;
    ...
    }
implementation {
    ...
    Timer = TimerC. Timer[ unique( "Timer") ];
```

141

}

将 nesC 编写的配件文件、模块文件通过接口联系起来就形成了如图 5-8 所示的 Blink 组件接口的逻辑关系。从图中可清晰地看出在 Blink 程序中组件之间的调用关系，各配件文件（如 SingleTimer 和 LedsC）以层次的形式连接，体现了 nesC 组件化/模块化的思想。

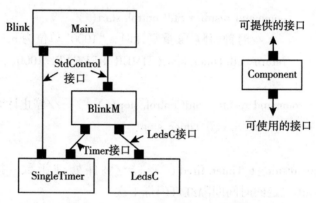

图 5-8　Blink 组件接口的逻辑关系

5.3　MantisOS 操作系统

MantisOS 操作系统是美国科罗拉多大学（University of Colorado）开发的一个以易用性和灵活性为主要目标的无线传感器操作系统（MOS）。利用该操作系统，可以快速、灵活地搭建无线传感网络原型系统。它的内核和 API 采用标准 C 语言编写，提供 Linux 和 Windows 开发环境，易于操作者使用。MantisOS 提供抢占式任务调度器，采用节点循环休眠策略来提高能量利用率，目前支持的硬件平台有 mica2、mi2ca2 和 telos 等，其对 RAM 的需求可小于 500B，对 Flash 的需求可小于 14KB。它提供集成的硬件和软件平台，适合广泛的传感器网络应用程序，它是一个多模型系统，可以进行多频率通信，适合多任务传感器节点，可动态重新编程。

5.3.1　MantisOS 的体系结构

MantisOS 的体系结构分为核心层、系统 API 层、网络栈和命令行服务器 3 个部分，其体系结构如图 5-9 所示。其中核心层包括进程调度和管理、通信层及设备驱动层，系统 API 层与核心层进行交互，向上层提供应用程序接口。MantisOS 为上层应用程序的设计提供了丰富的 API，如线程创建、设备管理、网络传输等。利用这些 API，就可以组织成功能强大的应用程序。

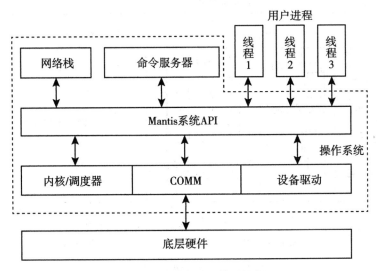

图 5-9　MantisOS 的体系结构

主要模块功能如下：

（1）内核和进程调度

MantisOS 使用了类似于 UNIX 的进程调度模式，提供了基于优先级的多线程调度和同一优先级中进行轮转调度服务。MantisOS 在逻辑上把 RAM 分配成以下两部分：一部分是在编译时分配给全局变量的；另一部分以堆的形式管理。

内核主要的全局数据结构是线程表，每个线程有一个条目。内核还为每一个优先级别的线程保存表头和表尾指针，可方便快速增加和删除。系统在以下情况会引发上下文环境的切换：调度器接收到一个来自硬件的定时器中断、系统调用、信号量的操作。

（2）网络栈和通信层（COMM）

MantisOS 网络栈作为一个或多个使用者级线程执行，网络栈支持网络的第三层及第三层以上，如路由层、传输层和应用层。MOS 的通信层为通信设备驱动程序提供统一的接口（如串口、USB 或者无线通信设备），如图 5-10 所示。

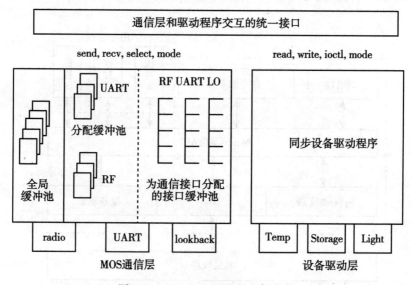

图 5-10　MantisOS 网络栈和通信层

COMM 层也负责实现管理数据包缓冲和同步功能。

网络线程或应用程序线程通过以下 4 个函数与通信设备进行交互：com_send、com_recv、com_mode、com_ioctl。

（3）设备驱动层

MantisOS 采用传统的"逻辑/物理"分层方式来对应硬件的设备驱动设计。MOS 设备驱动层涵盖了同步 I/O 设备的驱动程序和异步通信设备、串行口、循环接口的驱动程序。每一个设备都为上层使用者提供了见表 5-1 中的 POSIX 网格的系统调用函数。

表 5-1 **POSIX 网格的系统调用函数**

函　　数	功　　　能
dev_read(dev，buf，count)	从设备 dev 中读取 count 字节，并把结果存入缓冲区 buf 中
dev_write(dev，buf，count)	把缓冲区 buf 中的 count 字节写入 dev 中
dev_mode(dev，mode)	把设备 dev 设置成 mode 模式
dev_ioctl(dev，request，args…)	给设备 dev 发送一个控制命令(request)，args 是各种命令参数
dev_open(dev)	打开设备 dev
dev_close(dev)	关闭设备 dev

5.3.2 MantisOS 的设计举例

在 Windows 环境中，首先安装 Cygwin 环境，下载 MantisOS 工具包并配置相应系统环境变量。在基于 MantisOS 的使用者应用程序中，都是以 start() 函数开始，类似于 main()，系统适当地初始化其他系统级线程，如网络栈，并且可以调用 thread_new() 产生新的线程。

MOS 提供了一系列 API 便于系统与 I/O 进行交互，例如，有以下几种：

网络层：com_send，com_revc，…；

传感器(ADC)：dev_write，dev_read；

虚拟映射(LED)：mos_led_toggle()；

进程调度：thread_new()。

在这里，应用程序主要包括两个部分：基站节点应用程序和普通节点应用程序，下面介绍基于 MantisOS 的节点设计及实现方法：

(1)普通节点设计

普通节点应用程序的功能是采集数据，分析数据是否达到报警级别，并通过网络将数据发送给基站节点，同时具备接收数据以及转发数据的功能。

为实现这些具体功能，创建的线程有接收线程、数据采集线程、数据分析处理线程以及发送线程。

①在数据采集线程中，启动传感器节点相应设备感知周围环境数据以及系统数据，然后将相关数据写到缓冲区中供其他线程读取。

②数据分析处理线程的功能是对所采集数据进行分析，判断是否达到节点规定的上下限，并及时打开节点上的报警装置。

③数据发送线程的功能是对节点所采集数据通过网络进行发送，数据传输协议可以利用洪泛协议或者其他协议。

④接收线程的功能是对接收到的网络数据包进行分析，并选择转发数据包。

（2）基站节点设计

基站节点上运行的线程包括数据接收线程、串口设备数据读取线程以及串口发送线程。

①数据接收线程的功能是从网络上接收其他节点通过 RF 传递给自己的数据，对这些数据进行分析并处理。

②串口设备数据读取线程是从编程板串行口读取 PC 机发送给基站的数据，基站分析数据类型，根据类型选择不同的处理方式，如将报警级别数据发送给网络所有节点等。

③串口发送线程的功能是将接收到的数据经处理后发送到编程板串行口，等待 PC 机应用程序读取。

（3）编码

编码分为两个部分，即 C 语言程序源代码和 makefile 文件代码。C 语言程序源代码编写完将其复制到 MantisOS 目录中名为 src 的 apps 文件夹下，然后才是 makefile 的书写过程。

（4）编译调试

在 MantisOS 中应用程序是与内核一起进行编译的，必须对平台进行定制才能将源代码编译成目标文件，其步骤如下：启动 Cygwin 环境，进入到 MantisOS 主目录下，找到一个 autogen. sh 的脚本文件，并执行 autogen. sh 命令，等待成功执行完毕以后，再进入 build 目录，根据现有的硬件节点类型，选择各种节点硬件目录，

如选择 mica2，进入相应目录，找到 configure 文件，执行 configure
命令。

5.4 SOS 操作系统

SOS(Shared Operation System，共享式操作系统)是由洛杉矶加
利福尼亚大学的 NESL 实验室开发的一套无线传感网络操作系统。
SOS 可以消除很多操作系统静态的局限性，如前述的 TinyOS 操作
系统虽然各个组件可以互相提供服务，但是每个传感器节点必须单
独地运行一个静态的系统镜像，所以很难满足多维应用的系统或者
频繁的应用更新。SOS 从设计上更多考虑动态性，它由一个公共的
内核和模块组成，有自己的消息机制，引入了消息模式来实现使用
者应用程序和操作系统内核的绑定。

SOS 使用标准的 C 语言作为编程语言，可以充分利用 C 语言
的许多编译器、开发环境、调试器和其他为 C 语言所设计的工具。
在 SOS 操作系统中，使用者开发的应用程序被编译为 ∗.sos 文件
装载到内核上，应用程序的功能是通过内核调用系统 API 与底层
设备硬件进行交互控制来实现的。在 SOS 操作系统中，其系统文
件 包 含 如 下：Config、Contrib、Doc、Driver、Kernel、Module、
Platform、Processor、Tools。

5.4.1 SOS 的体系结构

SOS 的体系结构分为硬件抽象层、设备驱动层、内核服务层和
动态模块层这 4 层。硬件抽象层提供与 mica2、Ubicell 等硬件的虚
拟接口，如 UART、clock 等，设备驱动层提供设备驱动信息，如
sensordriver；内核层(blank)提供内核服务，读取上层模块信息，
并与底层进行交互等；动态模块层供使用者开发应用程序，动态装
载到 SOS 内核上。SOS 由动态加载的模块和静态内核组成，如图
5-11 所示。

静态内核可以先写到节点上，节点运行过程中使用者还可以根
据任务的需要动态地增删模块。模块实现了系统大多数的功能，包

括驱动程序、协议、应用程序等。这些模块都是独立的，对模块的修改不会中断系统的操作。

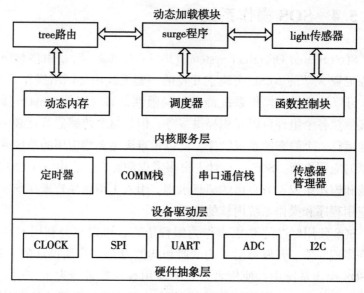

图 5-11　SOS 操作系统的体系结构

5.4.2　SOS 的功能特点

（1）模块

在 SOS 中，模块是可以实现某些功能或者任务的二进制可执行文件，相当于 TinyOS 中的组件。模块可能会同时负责很多部分的功能，包括底层驱动、路由协议、应用程序等。在 SOS 中，一个实际的应用程序一般由一个模块或者多个交互的模块组成，模块之间位置独立，主要是通过消息机制或者函数接口来相互联系。

（2）模块结构

SOS 实现了一个定义完整并且优化的带有入口和出口的模块，这一类模块组成一个模块结构，SOS 通过这样的结构来维护模块。模块之间用两种入口机制来相互流通：第一种是通过内核的调度表；另一种是通过被模块注册的对方使用的函数。

（3）模块交互

模块之间的交互通过消息机制，调用被模块注册的函数，调用 ker_ * system(API)访问内核实现的。消息本身是灵活变化的，并且传递比较缓慢，所以 SOS 提供一些直接的调用方法，可以被模块注册使用，这些调用方法可以通过调度表为模块提供反应时间短的联系。

（4）模块的插入和删除

模块的插入是通过分发协议(Distribution Protocol)侦听新的模块在网络中发送的广播来初始化的。模块的删除是通过模块发送一个 final 消息触发内核开始进行的。这个消息通知内核释放模块持有的资源。

（5）动态内存

无线传感网络嵌入式系统一般不支持动态内存。但静态内存会导致存在大量的垃圾内存碎片，可能对公共任务产生复杂的语义。SOS 中的动态内存解决了这些问题，而且消除了模块加载过程中本来需要对静态内存的依赖。

5.4.3　SOS 的通信机制

在 SOS 操作系统中，一个应用程序包括一个或多个交互的模块。应用程序使用独立的消息通知和功能接口，它包括独立的执行模块，并且通过开发或配置来维护其模块性。在模块中，消息处理机制通过一种特定的模块处理功能来实现，消息处理句柄通过识别模块的状态来对模块进行处理。

一个独立的代码实体原型如下：

```
#include<module. h>
typedef struct{
    sos_pid_t pid;
...... //模块状态的其他信息
    } app_state_t; //定义模块的状态
static int8_t module ( void * state, Message * e);
//模块声明
```

下面的模块头定义是模块拥有的唯一全局变量，该结构可以修改。

```
static mod_header_t mod_header SOS_MODULE_HEADER = {
    mod_id = DFLT_APP_ID0, //模块的 ID
    state_size = sizeof(app_state_t),
                        //模块状态占用多少字节
    num_timers = 0, //该模块使用定时器的个数
    num_sub_func = 0, //该模块订阅函数的个数
    num_prov_func = 0, //该模块提供函数的个数
```

（1）模块通信

SOS 提供了两种模块间的通信机制方式，一种是通过模块的功能指针来进行通信，该方式提供的是同步通信方式，如图 5-12 所示。

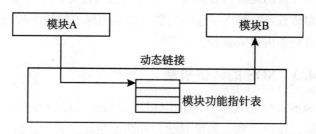

图 5-12　通过模块的功能指针来通信

SOS 的另一种模块间通信方式如图 5-13 所示，该方式提供异步通信机制。消息机制虽然灵活，但是执行得比较慢，消息分发的优先级也较低。

在 SOS 操作中，模块与内核之间也可以进行通信，内核提供系统服务以及上层应用与硬件的接口，如图 5-13 所示。

（2）模块的装载和卸载

在 SOS 操作中，模块的装载通过 SOS 服务器来实现，在网络中，节点上的分布式协议监听是否有新的模块发布。

当内核分派了一个 Final 消息时，模块就开始进行移除操作，

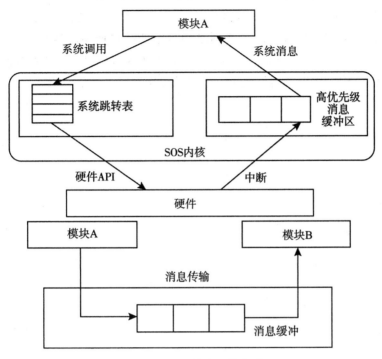

图 5-13　SOS 异步通信方式

在移除过程中，模块的动态内存空间用到的计时器、驱动等都被释放。

（3）通信模式

SOS 最重要的模块就是它的无线通信模块。基于 SOS 的无线传感器应用程序多采用支持多跳无线通信的模块结构，支持 cc1000、cc2420 等通信栈。上层模块通过内核将消息递交给底层硬件，通过底层无线发送模块，以字节的形式将消息发送出去。

本 章 小 结

无线嵌入式互联网操作系统的设计与选取是影响其应用的瓶颈问题，现有的操作系统不可能面面俱到，因此，在进行无线嵌入式互联网操作系统的应用设计或者选取现有操作系统的时候，就要根据具体情况来进行选取或者修改。本章以低功耗无线嵌入式互联网为例，选取了当前无线传感网络领域中的几种典型的操作系统如 Contiki、TinyOS、MantisOS、SOS 等，并对它们各自的功能特点、特性结构、通信机制、使用方法以及适用领域进行了介绍。

第6章 无线嵌入式系统与 Internet 互联的设计举例

在各类无线嵌入式应用系统与 Internet 互联的开发和设计中，需要借助一些开发环境和开发平台以及一些开发语言进行设计，这样可以加快无线嵌入式网络应用系统的开发效率，缩短应用开发的时间，降低开发的成本，同时还有利于嵌入式应用系统的扩展。本章将以无线传感网络系统和楼宇自动控制系统两个无线嵌入式互联网应用为例，介绍无线嵌入式网络开发过程中的基本方法和实现手段，特别是对与 Internet 互联设计中的技术实施进行了详细介绍。

6.1　Contiki 无线传感网与因特网的互联设计

mbed 是 ARM 公司最新推出的一个面向物联网应用和智能物件（Smart Object）开发的开源的电子硬件开发平台，具有支持范围广泛、使用简单方便、应用开发通用性强等优点。mbed 提供了一个相对更加系统和更加全面的智能硬件开发环境，不但把当前智能硬件可能会涉及的外设（如红外、电机、蜂鸣器、陀螺仪等）都进行了标准化的处理，还把很多与硬件相关的程序，使用中间件进行了封装。除此以外，mbed 还具有很好的交互接口，同时支持离线和在线开发环境，还可以采用 Web 方式在网页上编辑。Contiki 是开源小巧的无线嵌入式操作系统，其最大的优势在于支持 TCP/IP 网络协议，包括 IPv4 和 IPv6，还包括 6LoWPAN 报文压缩、RPL 路由、CoAP 应用层，因此，已经成为无线传感网络和物联网感知层低功耗无线组网协议研发和实验的主要平台。本节将以 mbed 硬件开发平台和 Contiki 操作系统为例介绍基于 6LoWPAN 的无线传感网络与因特网的互联设计。

6.1.1　mbed 体系结构

mbed 提供的一套用于快速开发 ARM 架构单片机应用原型的工具集。在不同的上下文中，mbed 有可能指的是 mbed SDK，也有可能指的是 mbed 开发板。由于 mbed 的代码和大部分硬件设计都是以开源的方式提供的，再加上它面向 ARM 系列单片机，具有较高的性价比和广泛的应用基础，所以 mbed 在世界范围内已经吸引了大量的电子产品开发者。mbed 主要包括免费的软件库 SDK（Software Development Kit），HDK 硬件设计参考（Hardware Development Kit）和基于 Web 的在线编译环境（mbed Compiler）3 个部分，具体内容如下：

（1）mbed SDK

mbed SDK 是一个面向 C/C++的单片机软件开发框架，它建立在大量软件爱好者开发的代码之上，可以快速地开发各种基于 ARM 的单片机应用项目。mbed SDK 完成了启动代码的编写、相关运行库的封装和单片机外设的抽象，从而使开发人员有更多的时间来关注具体的项目应用。而且，更为关键的是，mbed SDK 采用开源的 Apache Licence 2.0 许可，从而可以把它既应用于个人学习，也可以应用于商业研发，为日后的产品销售做好准备。

mbed SDK 当前已经支持大量的单片机，包括 NXP 公司的 LPC11UXX、LPC11XX、LPC11CXX、LPC13XX、LPC23XX、LPC43XX、LPC81X、LPC176X、LPC408X 系列，ST 公司的 STM32F030R8、STM32F103R8、STM32F401RE、STM32L152RE、STM32F4XX 系列，FREESCALE 公司的 MK20D5M、MKL05Z、MKL25Z、MKL46Z 系列，NORDIC 公司的 NRF51822，而且还在不断增加，当然，即使 mbed SDK 不支持的单片机，使用者也可以自行移植使用，所以 mbed SDK 具有很大的应用范围。

mbed 官方推荐使用它提供的在线开发工具进行开发，这样省去了使用者安装开发环境需要的时间，但是由于所有的代码都需要放在云端，因而只有联网的计算机才能使用。当然，目前国内有一些公司，如 SMeshLink 公司等，就已经开发出了基于 Eclipse 和 GCC 的离线 IDE 环境，从而降低了 mbed 使用门槛。当然，如果要使用的 MCU 不支持 GCC 编译 mbed SDK，那就需要自行添加启动文件和链接文件后才能使用，该环境当前主要支持 GCC ARM Embedded 编译器。

（2）mbed HDK

为了方便使用者的快速开发，mbed 提供了 HDK 接口设计参考，其核心是通过一个实现统一协议的接口单片机来实现使用者的程序上载、代码调试和串口监控，其硬件设计和固件代码都是公开的，但当前只支持有限的几个 MCU，包括 LPC812M10、LPC1768 和 LPC11U24，再增加接口 MCU 后硬件的成本会增加，所以使用者并没有需要使用该方案来上载程序。只要有串口就能上载，当然，这样就没有调试功能了。

（3）mbed Compiler

为了使用者开发的方便，mbed 官方提供了网页版的开发工具，使用者只要有联网的计算机就可以开始基于 mbed 的开发，再加上 mbed 的上载方式就是复制，是所有操作系统都支持的操作，所以，理论上来讲，使用者可以在所有的操作系统上进行开发，包括 Windows、iOS、Android 及 Linux 等。mbed Compiler 的主要功能如下：

• 代码编辑：包括语法高亮显示、快捷键、撤销/重做、剪切/复制/粘贴、标签、块/行注释、代码格式化等；

• 版本控制：包括代码提交、对比、回溯、分支和合并等功能；

• 代码导入：支持使用者导入各种 mbed 库及应用程序用于修改开发；

• 代码编译：在线工具默认使用 ARMRVDS 进行编译，使用者可以支持查看编译后 Flash 和 RAM 的使用情况，其编译后的二进制在使用上没有任何显示；

• 导出代码：使用者可以把在线工程导出到各类离线编译工具，包括 Keil, GCC, IAR 等，在导出文件中，mbed 库是作为二进制文件提供的，使用者代码则还是源代码方式。

6.1.2　开发环境搭建

mbed 采用 SMeshStudio 作为开发平台，SMeshStudio 是基于 Eclipse 和 Arduino Eclipse Plugin 开发，支持 Arduino、mbed 和 Contiki 应用的开发、编译和上载(不支持调试)，可以大大加快开发者使用上述开源系统进行应用开发的过程。SMeshStudio 具有以下特点：

(1)免安装，免配置，解压后就能直接使用

SMeshStudio 全部采用 Java 编写，并在内部集成了使用者开发所需的编译器、上载工具和各类源代码库，所以只要使用者计算机中已经有了 Java 运行环境，下载后解压就能直接使用。SMeshStudio 有 32 位和 64 位两个版本可以选择。

(2)多平台支持

SMeshStudio 可以支持多个平台的开发，在软件上包括 Contiki、Arduio 和 mbed，在硬件上可以支持各类采用 GCC 编译的微处理器平台，主要是 AVR 和 ARM，系统会根据使用者的选择自动载入相应的代码和编译器。

(3)向导式项目创建

SMeshStudio 提供了项目创建向导，使用者只要根据向导完成项目类型、项目名称、开发板类型、程序上载端口的选择，SMeshStudio 就会自动创建好相应项目的模板。

(4)集成 Eclipse 强大 IDE 功能

Eclipse 提供了强大的 IDE 功能，其中最常用的有查看函数申明、格式化代码、自动方法提示等。

(5)图形化上载

SMeshStudio 集成了多种程序上载工具，使用者只要在向导中完成了正确的配置，就能采用图形化界面完成程序上载工作，省去了命令行操作。

SMeshStudio 解压下会生成以下两个目录：一个是 eclipse，里面放的是增加了 plugin 后的 eclipse 系统；另外一个是 smeshcore，

里面放的是各类编译器和开源软件库。使用者使用 eclipse \ smeshstuio. exe 启动，首次使用有可能产生网络访问警告，使用者可以根据自己的需要自行选择，图 6-1 是 SMeshStudio 第一次启动后的欢迎页面(mbed 是 SMeshStudio 推荐的开发平台，所以直接链接到了 mbed 资料提供页面)，使用者关闭欢迎页面后就可以开始各类应用的开发过程。

图 6-1　SMesh Studio mbed 快速入门

SMeshStudio 借鉴了 Arduino 的开发思路，提供本地化开发平台，唯一的限制就是开发板必须支持 GCC 编译。其具体过程如下：

(1)选择 Eclipse 项目类型

SMeshStudio 建立在标准 Eclipse 开发环境基础之上，它可以开发多种类型的应用程序，所以使用者必须选择合适的开发类型，在SMeshStudio 中，mbed，Arduino 和 Contiki 都属于同种类型。使用者可以通过菜单"File"→"New"→"Projects"启动下面的项目类型选择界面并选择 Newmbed(Arduino，Contiki) sketch 项目类型，如图6-2 所示。

(2)设置项目名称

使用者选择"next"继续后会出现项目名称设置界面，在这里可

157

图 6-2　SMeshStudio 项目类型选择

以随意设置喜欢的项目名称，并设置项目保存位置（建议使用缺省者），如在这里设置项目名称为 mbedTest，如图 6-3 所示。

图 6-3　SMeshStudio 设置项目名称

（3）选择开发板类型

使用者选择"next"后出现开发板选择界面，如图 6-4 所示。SMeshStudio 支持多种软件开发平台，每个软件开发平台下又可以支持多个开发板，为了让使用者的项目能匹配上使用者的开发板，这一步的选择就显得非常重要。SMeshStudio 只根据开发板名称匹配使用者项目，如果开发板名称中包含 bed，SMeshStudio 会把项目识别成 mbed 项目；如果包含 Contiki，SMeshStudio 会把项目识别成 Contiki 项目，否则 SMeshStudio 会把项目识别成 Arduino 项目。为了方便使用者的选择，SMeshStudio 已经把不同的开发板放到不同的开发板描述文件中，使用者在这里首先要选择开发板文件，然后再选择具体的开发板，之后使用者还需要设置开发板上载程序使用的串口，考虑到有些开发板可以采用文件复制的方式上载，SMeshStudio 也提供了磁盘选择选项，串口号和磁盘盘符必须设置一项后才能继续。使用者在这里可以选择 xbedlpc1768，它是一块和官方 mbedlpc1768 兼容的 mbed 开发板，但添加了以太网接口，TF 卡接口，RF231 无线射频接口以及使用者按键，从而使用者可以更好地应用 mbed 软件平台。

图 6-4　SMeshStudio 选择开发板类型

(4)结束向导

使用者可以选择"Finish"结束向导，生成 mbed 项目，此时系统有可能提示说这是一个 C/C++项目，建议选择使用 C/C++视图，使用者直接选择"yes"并建议选择 Remembermydecision。至此，就完成了 mbed 项目的创建过程，SMeshStudio 界面如图 6-5 所示。

(5)编写代码

至此，就可以来编写一个 mbedTest 项目代码，任何基于

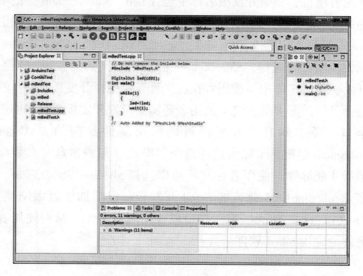

图 6-5　SMeshStudio 初始 mbed 项目

SMeshStudio 的 mbed 项目的代码都由以下 3 部分组成。其具体如下：

①mbed 核心库，即 ProjectExplorer 视图中的 Contiki 目录，该目录下有两个文件夹，一个是 core，里面放的是 mbed 独立于硬件部分的实现；另外一个是 variant，里面放的是 mbed 和硬件相关的实现，其中一个是 cmsis，里面放的是和系统启动并和编译相关的代码，另外一个是 hal，里面放的是和具体的开发板相关的硬件抽象实现代码。

②Libraries 扩展库，即 ProjectExplorer 视图中的 Libraries 目录，里面存放着使用者导入的和特定应用相关的扩展库。

③使用者项目代码，向导默认会生成以下两个文件：一个是和项目同名的 cpp 文件，用于完成项目；另外一个则是和项目同名的 .h 文件，它的内容就是包含了 mbed.h 文件。

（6）编译项目

代码编写完毕后，使用者可以使用"Project"→"BuildProject"编译代码，如果没有错误的话，使用者就可以在控制台看到如下内容，它表示使用者程序的内存使用情况，使用者只要在 Eclipse 的 Console 中看不到错误即可。

（7）上载程序

使用者编译成功后就可以使用"mbed（Arduino_Contiki）"→"uploadsketch"上载程序，如果没有问题的话，使用者可以看到下面的输出结果，至此，基于 SMeshStudio 的简单 mbed 程序开发完毕。

（8）SMeshStudio 导入 Contiki 扩展库

mbed 官方和第三方提供了大量的扩展库，它们的使用可以大大简化使用者应用的开发，这也是 mbed 的强大之处。SMeshStudio 提供的 mbed 扩展库主要有两个部分：一个是 mbed 官方提供的；另外一个是第三方提供的，当使用者使用"mbed（Arduino_Contiki）"→"Addalibrarytotheselectedproject"菜单后就可以得到如图 6-6 所示的界面。mbed 官方提供的官方库在 HardwareprovidedLibraries 分类下，而第三方提供的包括 SMeshStudio 自带的则在 PersonalLibraries 目录下，如图6-6所示。

图 6-6　SMeshStudio 导入 Contiki 扩展库

需要注意的是，由于 SMeshStudio 支持多个软件平台，所以它在 PersonalLibraries 中也存放着多个平台的扩展库，使用者在开发基于 mbed 的应用时只能使用 mbed 开头的扩展库，接下来使用者可以导入 mbed-OneWire 库，该库实现了单总线协议，从而让使用者可以很方便地读取一些单总线设备（如 DS18B20、DHT11/22 等）。导入后，mbedTest 项目的目录结构变化如图 6-7 所示。

图 6-7　SMeshStudio 导入扩展库目录变化

6.1.3　开发示例

虽然 mbed 具有功能强大、使用简单的优点，但在当前情况下，还无法支持 6LoWPAN 的开发。而 Contiki 是一个适用于低处理能力的嵌入式开源操作系统，具有移植方便、支持 TCP/IP 网络、自带多线程能力、完全使用 C 语言编写、内存占用极小等特点，再加上它是当前唯一一个比较完整地实现了 6LoWPAN 相关协议，并且支持 RPL（Routing Protocol for LLN）多跳标准的嵌入式操作系统，所以基于 Contiki 操作系统之上的无线嵌入式设备就可以很容易实现与 IP 协议的对接。

Contiki 的设计目标是为了更好地开发网络应用，它只关心提供给使用者统一的网络调用方式而不太关心硬件的抽象。Contiki

中的所有底层硬件管理都是通过 MCU 的方式来实现的。而 mbed 的设计目标恰恰是为了屏蔽底层 MCU 的不同，让使用者以统一的方式来使用不同的 MCU。这样的话，如果能把 Contiki 对硬件的所有操作都重新定向到 mbed 上，再由 mbed 去统一管理硬件，就能实现 Contiki+mbed 的完美整合。这样的解决方案会带来两个方面的好处，一是 Contiki 操作系统可以运行在所有的 mbed 硬件上，从而大大扩展了 Contiki 的应用范围；另一方面，可以在 Contiki 中使用 mbed 的语法来操作硬件，从而大大简化 Contiki 应用尤其是传感器应用的开发。

前面已经讲述了 SMeshStudio 导入 Contiki 扩展库，那么就可以利用 mbed 扩展库的方式提供基于 mbed 的 Contiki 应用，它们全部放在 SMeshStudio 的 privatelibrary 中。整个库由以下两部分组成：一个是 mbed-Contiki-base，用于提供和硬件无关的 Contiki 核心代码，可以应用到所有的 mbed 硬件平台上；另外一个是 mbed-Contiki-mbed-lpc1768，用于提供专用于 xbedLPC1768 的代码，也是移植的主要工作。如果使用者需要在别的平台上使用 Contiki 扩展，只需要改动这部分即可。一旦在 mbed 中导入了 Contiki 扩展库，就可以使用所有的面向 Contiki 开发的扩展库，主要有 Contiki-er-coap（用于提供 COAP 协议支持）、Contiki-rpl-border-router（用于实现 6LoWPAN 边界网关）、Contiki-Webserver（用于实现 http 服务器）、Contiki-Webbrowser（用于实现 http 客户端）。

为了实现互联网和 Contiki 无线嵌入式设备之间的 IPv6 互通，必须在物理上实现这两者之间的互通，可以通过 slip6 协议实现，把 Contiki 节点虚拟成一个计算机的 IPv6 网卡，具体实现过程如下：

（1）准备 borderrouter 节点

borderrouter 的作用就是把自己虚拟成 Windows 或 Linux 能够识别的 IPv6 网卡，任何一个 6LoWPAN 的网络都是由一个 borderrouter 节点和多个普通节点组成的，不同节点之间只是代码不同，在硬件上是一样的，xbedLPC1768 既可以当成 borderrouter 节点使用，也可以当成普通节点使用。

为了生成 borderrouter 节点，需要重复前面的工程创建过程，

使用另外一个 xbedLPC1768 节点建立名为 mContiki_BorderRouter 的
工程，并在导入扩展库时额外导入 Contiki-rpl-border-router 的扩展
库，界面如图 6-8 所示。

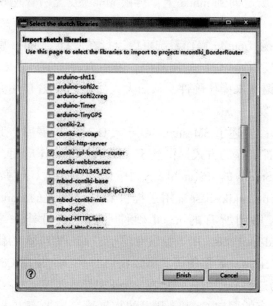

图 6-8 扩展库界面

此时，会发现在导入的 rpl-border-router 库中有一个名为
project-conf. h. template 的配置模板文件，直接把该文件复制到工程
目录下并改为 project-conf. h 文件，该文件是配合 borderrouter 节点
使用的应用配置，其中最关键的是以下几句：

#define RDC_CONF_MCU_SLEEP0

#define AVR_CONF_USE32KCRYSTAL0　//borderrouter 节点一
直运行在高功耗模式

#ifndef BORDER_ROUTER

#define BORDER_ROUTER　//本节点是 borderrouter 节点

#endif

#ifndef UIP_FALLBACK_INTERFACE

#define UIP_FALLBACK_INTERFACErpl_interface

#endif

必要时可以修改 mac 地址，6LoWPAN 网络中的所有节点 mac 地址必须不同，否则会导致网络工作不正常。接下来可以直接删除向导生成的 .cpp 文件或清空文件内容，因为导入的 Contiki-rpl-border-router 扩展库在配置文件的作用下会自动实现 border-router 功能，之后就可以进行程序的编译和上载工作，如果没有错误的话，所有硬件部分就准备好了。

（2）配置 Windows 7 IPV6 网络

与 Contiki 节点相关的 Windows 7 IPv6 配置过程相对来说是比较复杂的，配置的 bat 文件放在 SMeshStudio 的 mbed \ hardware \ tools \ Contiki_win7_setup 目录下，具体操作如下：

1）安装 MicrosoftLoopbackAdapter

首先，需要查看一下本机有没有安装 Microsoft Loopback Adapter，使用者可以通过设备管理器了解，如果没有的话，使用者需要以管理员权限执行 1-install-ms-loopback. bat 或 1-install-ms-loopback64. bat，具体就要看操作系统是 32 位的还是 64 位的。需要注意的是，设备安装成功后一般要重启计算机才能发挥作用。设备管理器界面如图 6-9 所示。

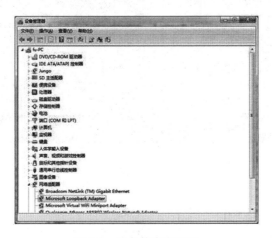

图 6-9　设备管理器界面

2）启动 slip 协议

Microsoft Loopback Adapter 安装成功且重启后，使用者可以使用管理员权限执行 2-start-wpcapslip6. bat，在执行之前一定要把相应的串口号改成当前 borderrouter 节点虚拟出来的串口号（注意，串口太大会导致 wpcapslip6 工作不正常，此时使用者可以在设备管理器里面改成低的串口号，改后也要重启计算机），执行如下命令：

@ echooff

for/f" tokens = 5 "%% cin（′ getmac/V ^ ｜ grep " Loop " ′）dowpcapslip6 \

wpcapslip6-sCOM8-B38400-baaaa：：-aaaaa：：1/128%%cbat

如果正常的话，其界面如图 6-10 所示，如果不正常，可以多尝试几次。

图 6-10　启动 slip 协议执行界面

3）添加 6LoWPAN 网络 mac 地址

Windows 操作系统并不能识别 6LoWPAN 网络的 mac 地址，使用者需要手动添加，具体通过执行 3-rpl-border-router-rplfix-win7.bat 来实现，在执行之前，必须在 bat 中加入需要添加的 mac 地址，其文件具体内容如下：

@echooff

netshinterfaceIPv6showinterface

set/pMSLOOPIF="Pleaseselectainterface:"

netshinterfaceIPv6addneighborinterface=% MSLOOPIF% aaaa::bb00-00-00-00-00-bb

使用者需要指定需要添加 mac 地址的网络序号，就是 MicrosoftLoopbackAdapter 所在的网络，使用者可以通过查看"控制面板 \ 网络"和"Internet \ 网络连接"获得，如设网络是"本地连接3"，序号是"29"，如图 6-11、图 6-12 所示。

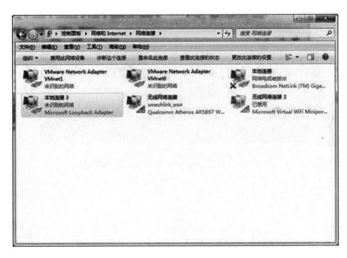

图 6-11　网络连接选择

4)测试 IPv6 网络

如果以上操作都没有问题的话，那么经过 2 分钟左右延时就可以利用 Ping 命令测试 IPv6 网络，效果如图 6-13 所示。

图 6-12　添加 6LoWPAN 网络 mac 地址

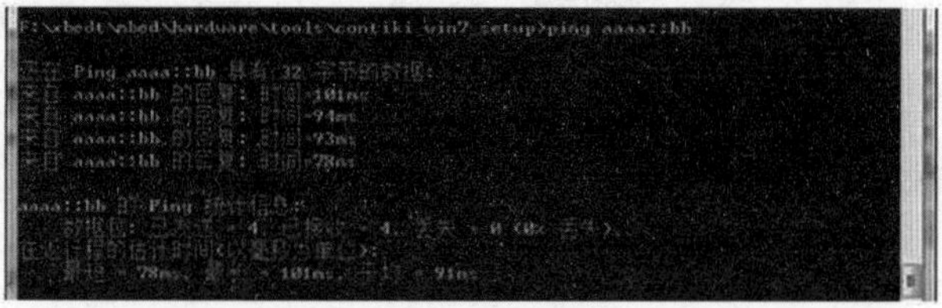

图 6-13　利用 Ping 命令测试 IPv6 网络

6.2　BACnet 自动控制网与因特网的互联设计

6.2.1　BACnet 简介

BACnet 全称为楼宇自动控制网络所制定的数据通信协议（A Data Communication Protocol for Building Automation and Control Network），它是由美国冷暖空调工程师协会组织的标准项目委员会 135P（Standard Project Committee 135P，SSPC135P）于 1995 年 6 月

制定的通信协议。BACnet 协议产生的背景是使用者对楼宇自动控制设备互操作性的广泛要求，即将不同厂家的设备组成一个一致的自控系统。BACnet 就是要建立一种统一的数据通信标准，用于不同设备之间的通信，从而使得按这种标准生产的设备都可以进行通信，从而实现互操作性。BACnet 标准只是规定了楼宇自控设备之间要进行"对话"所必须遵守的规则，并不涉及如何实现这些规则，各厂商可以自行设计来开发，从而促进整个应用领域的产品兼容和技术进步。

BACnet 最成功之处就在于采用了面向对象的技术，定义了一组具有属性的对象来表示任意楼宇自控设备的功能，从而提供了一种标准的表示楼宇自控设备的方式。BACnet 标准中定义的标准对象有模拟输入、模拟输出、设备等，其中设备对象是每个 BACnet 必须拥有的对象，这是一个具有网络访问特征的集合模型。例如，一个标准的 BACnet 温度传感设备就可以用设备对象加一个模拟输入对象来表示。当一个 BACnet 设备要与另一个 BACnet 设备进行通信时，它必须要获得该设备的设备对象中所包含的某些信息，这些信息在 BACnet 中就称为 BACnet 设备对象的属性，"对象标识符"是 BACnet 设备中的每个对象必须具有的属性，它是一个 32 位的编码，可以唯一地标识一个 BACnet 设备。

BACnet 标准定义了以下 6 种设备类型：

- BACnet 智能传感器（BACnet Smart Sensor，B-SS），该设备主要应用于现场级的数据采集；

- BACnet 工作站（BACnet Operator Workstation，B-OWS），该设备包含了系统运行和管理窗口这两大功能；

- BACnet 楼宇控制器（BACnet Building Controller，B-BC），该设备主要应用于现场级通用楼宇控制；

- BACnet 高级应用控制器（BACnet Advanced Controller，B-AAC），该设备也是现场级通用楼宇控制设备，但比 B-BC 的资源少，通用性差；

- BACnet 专用控制器（BACnet Application Specific Controller，B-ASC），该设备专用于某个系统的控制器；

• BACnet 智能执行器(BACnet Smart Actuator，B-SA)，该设备主要应用于现场级的执行与控制。

随着信息化社会的发展，已经有越来越多的需求将 BACnet 系统跨越建筑、园区、城市、地区、国家和洲而连接起来，最合适的实现方法就是使用现有的 IP 协议和广域网将 BACnet 系统连接。但是 BACnet 设备和 IP 设备使用的是不同的协议，不能将这些设备简单地放置于一个网络中就让它们在一起工作。对于 BACnet 设备，协议就是 BACnet 协议，对于 IP 网络设备，协议就是 TCP/IP 互联网协议。要将 BACnet 网络通过 IP 广域网互联起来，首先遇到的问题是 IP 路由器不能识别 BACnet 帧。解决这个问题的关键是使用一个也能够理解 IP 协议的 BACnet 控制器或者网关设备，这个控制器或者网关设备能够将 BACnet 报文封装到一个 IP 帧中，从而使 IP 路由器能够识别该帧，并且通过 IP 互联网进行转发。在目标节点，由另一个这样的设备从 IP 帧中拆装出 BACnet 报文，并且进行处理。

BACnet 目前使用两种技术来实现 IP 互联 BACnet 网络：第一种技术称为"隧道"技术，其设备称为 BACnet/IP 分组封装拆装设备，简称 PAD(Packet Assemble Device)，其作用像一个路由器，将 BACnet 报文通过 IP 互联网传送；第二种技术称为 BACnet/IP 网络技术，其设备称为 BACnet/IP 设备，其作用就是直接将 BACnet 报文封装进 IP 帧中进行传输，如图 6-14 所示，其中，图 6-14(a)为有线接入 IPv4 网；图 6-14(b)为无线接入 IPv4 网。

现有的 BACnet/IP 协议实现了与 IPv4 网络的互联，而且只限于 BACnet 工作站等设备类型，其并不适用于资源有限的 B-SS 设备类型中。IPv6 由于具有海量地址空间以及其他优良特性将是未来取代 IPv4 而占据 Internet 网络层的主导协议，而 BACnet 设备也朝着无线连接的方向发展，因此，以无线方式将 BACnet 网络中各个传感设备和感知节点互联，进而连接到 IPv6 网络将是未来智能楼宇控制系统发展的热门方向。有线通信对于 BACnet/IP 通信环境的搭建以及以后的扩展维护都是一个极大的阻碍，随着无线技术的发展和数据传输过程中可靠性、稳定性的提高，采用无线通信的方案

170

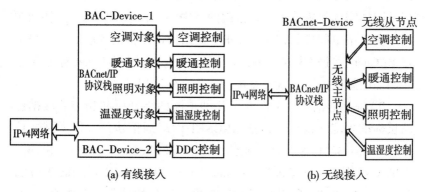

图 6-14 采用 BACnet/IP 控制器进行 BACnet 与 IP 网络互联

实现 BACnet/IP 互联也将是大势所趋,将无线通信的方法应用于 BACnet,可以使得 BACnet 网络更加灵活、更加方便地增加和移除设备。

6.2.2 BACnet/IP 协议分析

BACnet/IP 技术是将 BACnet 无缝地扩展到 IP 网络上,利用 IP 技术来建立 BACnet 网络。IP 网络则是 BACnet 网络的"局域网络"。建立在 IP 网络上的 BACnet 仍然是一个 BACnet 网络,是 BACnet 互联网络中的一个子网,图 6-15 为 BACnet/IP 的体系结构。

BACnet 应用层					
BACnet 网络层					
ISO8802-2	MS/TP	PTP		BVLL	
ISO8802-3 ARCNET	EIA-485	EIA-232	LonTalk	UDP	IP 网
				IP	

图 6-15 BACnet/IP 体系结构

从图 6-15 可以看出,BACnet 标准采用 4 层体系结构,由下及上分别为物理层、数据链路层、网络层、应用层。尽管 BACnet 标准的体系结构相对 OSI/RM 网络协议模型精简了许多，但 BACnet 标准同样需要解决楼宇自动控制网络中的各种通信问题。这些问题的解决方案也同样分布在 OSI/RM 网络协议模拟的各层之中，只不过 BACnet 标准解决通信的问题更加具体，因而 BACnet 标准对这些问题的解决方案也就更直接，并且高效实用。

BACnet 通信协议中定义了几种不同的物理层和相应的数据链路层标准规范和协议，包括 ARCNET 网络通信协议、以太网通信协议、RS-232 上的点对点通信 PTP 协议（Point-to-Point）、RS-485 上的主站-从站/令牌传递（Master-Slave/Token-Passing，MS/TP）通信协议、LonTalk 通信协议以及 IP 网络通信协议等，其中由 IP 作为底层通信协议则组成 BACnet/IP 协议。这个 IP 子网通过 BVLL 与 BACnet 的网络层对接，其具体内容如下：

（1）BVLL 层

BVLL 即 BACnet 虚拟链路层（BACnet Virtual Link Layer），它位于 BACnet 网络层与 IP 协议之间，起着适配器的作用，既可以连接原有协议，又不影响原有协议，并在 IP 协议之上提供一个 BACnet 网络层视图。BVLL 层在 BACnet 网络层和通信系统协议之间提供了一个接口和机制，以简化 BACnet 网络层功能复杂度，提高协议栈的执行效率。这个接口和机制包含 BVLL 协议规程和协议数据格式两部分，协议规程说明了协议功能的操作过程，而协议数据格式说明了 BVLL 报文的基本组成。BVLL 共定义了 12 个类型的协议报文，所有报文格式如图 6-16 所示。

类型	功能	长度	用户数据

图 6-16 BVLL 协议报文结构图

其中，"类型"字段用于说明底层通信协议及其对应的类型。在 BACnet/IP 体系结构中，规定该字段取值为 0X81，表示 BACnet/IP 的底层通信协议为 IPv4。该字段为 BACnet/IP 提供了扩展机制，如果 BACnet 标准建立在其他通信协议之上，如 IPv6、

ATM、X. 25 或者其他未来出现的通信协议之上，则必须相应地定义 BACnet 网络层与底层通信协议间的"虚拟链路层"，此时该域就可以取不同的值，以区分底层通信系统所采用的通信协议。

（2）UDP 层的分析

在 BACnet/IP 体系结构中，加入 UDP 协议既可以避免重新定义新类型的 IP 协议包，保证 IP 协议的稳定性，又可以利用已有的 IP 系统建立 BACnet 网络。IPv4 数据报报头的第三个字段"Type of Service"是用来表示此数据报里封装的上层数据使用何种协议，例如，上层如果是 UDP 协议的数据，则该字段就填入"17"，如果是 TCP 协议就填入"6"。IP 网络不能识别协议里面没有定义的"传输协议"值，对于不能识别的协议值或者使用者自己重新定义的 IP 数据包，IP 路由器通常会将其丢弃。同样，在 IPv6 的基本报头里的第 5 个字段"NextHeader"也有相似的功能，该字段指出了 IPv6 报头后所跟的头字段中的协议类型与其高层传输层是 TCP 还是 UDP，也可以用来指明 IPv6 扩展头的存在。若在该字段填入"17"，则表示 IPv6 数据包所封装的上层数据就是 UPP 协议的数据。

UDP 协议层的作用就是将来自 BVLL 层的数据封装成 IP 数据包，使之在 IP 网络上传播，同时将 IP 数据包拆开，提取其中的应用层数据并提交给 BVLL 层。

BACnet/IP 利用端口 0xBAC0 的 UDP 数据报文进行信息传输，使用者也可以自行重新定义。BACnet/IP 网络中所有 BACnet 设备均为 IP 节点，BACnet/IP 应用层协议包不需要进行封装和拆装处理，并直接利用 IP 地址进行寻址。

从以上分析可以看出，BACnet 网络完全可以构建在 IPv6 网络之上，其网络层可以通过接口与下层的 IPv6 网络进行通信，即用 BVLL 的数据包来封装 BACnet 网络层的数据包，用 UDP 的数据包来封装 BVLL 数据包，而用 IPv6 的数据包来封装 UDP 数据包，从而实现在 IPv6 网络上传输。

6.2.3 BACnet/IPv6 无线互联设计

下面将选取 TinyOS 2. 0 作为 BACnet 工作节点的操作系统进行

介绍，有关 TinyOS 的特性及其使用方法在本书第 5 章中已有详细介绍。本章将介绍通过 TinyOS 和 6LoWPAN 协议来实现 BACnet/IPv6 的无线互联，并以 BACnet 智能传感器 B-SS 设备来作为节点进行设计，在 TinyOS 2.0 系统下的 TOSSIM（TinyOS Simultor）模拟仿真。

（1）设计原则和要求

在实现 BACnet 协议与 6LoWPAN 协议集成时，有以下几点原则需要遵从：

①所设计的 BACnet 协议栈大小应符合系统资源的要求。

以 B-SS 为例，B-SS 作为 BACnet 中一种典型的传感器设备，在数据处理能力及系统存储资源方面都十分有限，同时 TinyOS 作为一种嵌入式操作系统，对系统中任务所占空间的大小也有一定的限制。从 BACnet 系统结构出发，在保留必要功能的前提下，对 BACnet 协议进行了裁减。

②由 BACnet 协议所生成的协议数据单元大小不应超过 6LoWPAN 所支持的最大传输单元 MTU（Maximum Transmission Unit）。

典型的 6LoWPAN 协议数据包的大小为 81 个字节，除去 40 个字节的 IPv6 报头，再除去 8 个字节的 UDP 报头，真正留给上层应用数据的空间只有不到 33 字节。因此，需对 BACnet 协议数据报格式进行重新设计，以减小 BACnet 协议所生成的数据包大小。

（2）Blip 协议栈

在进行 BACnet/IPv6 连接设计前，先了解一下 Blip 协议栈。Blip 协议栈全称为伯克利低功耗 IP 协议栈（Berkeley Low-power IPstack），是一个在 TinyOS 上实现的基于 IP 的协议栈，它使用"layer2.5"来实现了 IETF 6LoWPAN 工作组拟定的 6LoWPAN 标准，这使 IP 层可以适配 IEEE 802.15.4 MAC 层协议，充分利用其复杂度、成本和功耗极低的优势，同时承载的 MTU 达到 1 280 字节。

如图 6-17 所示，当一个节点需要与网络中的其他节点交流数据时，它首先在应用层中使用 Blip 协议栈库包含的 UDP SocketC 组件，根据该组件所提供 UDP 接口中的 sendto 函数向 UDP 层传递数

据，或者由 UDP 接口下的 recvfrom 函数从 UDP 层接收数据。UDP
层模块接口的连接由 UdpC 配置，UDP 封包在模块 UdpP 中具体实
现。模块 IPDispatchP 与其配置 IPDispatchC 构成了 IPv6 协议栈 IP
层的骨干。IEEE 802.15.4 标准定义的最大帧长度是 127 字节，
MAC 头部最大长度为 25 字节，剩余的 MAC 载荷最大长度为 102
字节。正常 IPv6 报文头部为 40 字节，再考虑到 UDP 头部长度为 8
字节，如果不对 IPv6 和 UDP 包头进行压缩，那么留给上层用的实
际载荷仅有 42 字节。因此，IP 层利用基于 6LoWPAN 标准的 Blip
协议栈对 IPv6 包头以及 UDP 包头进行压缩，40 字节的 IPv6 包头
加 8 字节的 UDP 传输包头被压缩到只有 7 个字节，即 6LoWPAN 只
使用 3 字节就可以等价于 40 字节的 IPv6 包头再加上压缩后的 4 个
字节 UDP 包头。

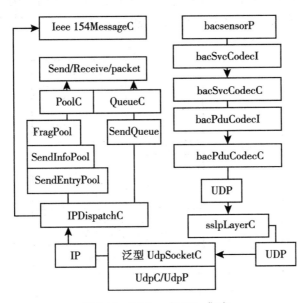

图 6-17　BACnet 与 Blip 集成

　　IPv6 的 MTU 为 1 280 字节，因此，必须区别制定分片与不分片
两种格式，如果发送的 IPv6 包超过 IEEE 802.15.4 MAC 层所能提
供的最大载荷，则送入分片池分片，继而在分片的 IPv6 包前添加

分片头部，压入发送队列逐个交给 IEEE 802.15.4 MAC 层，Ieee154MessageC.nc 组件对提交来的分片添加 MAC 帧头封包并发送，相应地接收到包含分片的 MAC 帧时，需要重组和解压缩包头以还原 UDP 包。

（3）系统结构设计

基于 TinyOS 2.0 和 6LoWPAN 的 BACnet/IPv6 系统结构如图 6-18所示。其中 BACnet 协议的应用层 SVC 以提供若干基本服务的形式向顶层应用程序开放 API 接口，由 PDU 子层将基本服务封装为协议数据单元，即传输层的实际数据载荷，并调用符合 6LoWPAN 标准的协议栈所提供的 bind、sento、recvform 3 个 UDP 基本函数。BACnet 协议栈的 IP 层应当对符合 IPv6 标准的 UDP 包进行处理，包括 IP 包头与 UDP 包头的压缩与解压缩以及 IP 包分片切割与重组，能将 IP 层产生的数据包以符合 IEEE 802.15.4 的 MAC 格式要求送入硬件平台，如 ZigBee 芯片或者 Micaz 节点。

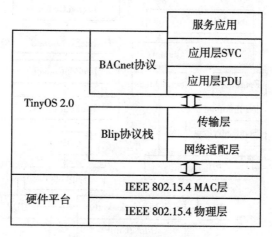

图 6-18　BACnet/IPv6 系统结构设计

整个 BACnet 应用层协议的实现由 SVC 和 PDU 上、下两层共同配合完成。其中上层 SVC 采用 bacSvcCodecC 模块，它向节点或路由的主控程序提供 bacSvcCodecI 接口以满足其具体服务请求，并使用下层 PDU 子层，即 bacPduCodecC 模块所提供的 bacPduCodecI 接口，而 bacPduCodecC 模块则进一步调用 Blip 协议栈泛型配置 UdpSocketC 所提供的 UDP 接口。以温度传感器节点为例，在 SVC 中定义了需要得到支持的以下 4 种服务：

①读属性(Read Property)；

②写属性(Write Property)；

③订阅定期报告(Subscribe Periodic Report)；

④收发定期报告(Periodic Report)。

每一种服务都需要服务发起方与服务应答方两者配合完成，服务发起方有权调用(Call)发送服务请求命令(CommandsendReq)，同时必须在其模块中完成接收服务响应事件(EventrecvRsp)的细节；服务应答方必须在其模块中完成接收服务请求事件(EventrecvReq)的细节并随即触发发送服务响应命令(CommandsendRsp)。读属性、写属性、订阅定期报告这 3 种服务中，router 为服务发起方，senosor 为服务应答方；发送定期报告服务中，senosor 为服务发起方，router 为服务应答方。

BACnet 实现中对于对象标识符(Object Identifier)进行了定义，例如，BAC_OID_DEV = 0x0000，BAC_OID_PERIOD = 0x0001。此外，还应当注意 InvokeId，由于工程上网络延迟与拓扑的复杂性，发送端发起服务的先后次序与接收端响应服务的先后次序也难以保证是一致的，因此，引入了 InvokeId 以唯一标记两次或两次以上的时间有先后的同类型服务。

以订阅定期报告以及收发定期报告服务的嵌套关系为例，在 bacnet.h 头文件中定义了一种储存周期报告订阅者信息的专属数据结构 periodic_report_subscriber_t，其中包含订阅者来源的 IPv6 地址，开发者还可以根据自身需求，添加其他有用信息，如报告阈值、历史订阅情况等。如收到周期报告订阅请求，bacsensorP 模块中实现的 event 一旦确定请求来源 IP 地址是来自簇头路由的，则当即将订阅服务对应的对象 ID 与属性 ID 写入订阅者专属数据结构说明的 m_prpt 结构体，从而确立周期报告订阅关系，并触发响应命令。

bacsensorP 设立了一标志位 m_send_flag，报告周期时间决定的计时器 StatusTimer 被触发后，若此标志位为正，则调用 bacSvcCodecC 模块提供的 bacSvcCodecI 接口包含的 sendPeriodReport 命令，即发起收发周期报告服务。路由簇头则必须对应地完成 recvPeriodReport 事件的实现细节。简单地说，若监控参数异常，就将收到的周期报告，通过调用 bacrouterP 所同样拥有的 sendPeriodReport 命令，以接力的方式投递到汇聚节点。

SVC 子层需要发送的信息都需要下送 PDU 子层，由 PDU 子层编码再递交给 Blip 提供的传输层。同样，SVC 子层需要接收来自 PDU 子层的信息。SVC 子层转交 PDU 子层的是一个指向成员已包括 o_id、p_id 以及可能的 value 的 SVC 层专有结构体类型的指针。在 PDU 这一子层构建了若干种指令来支持 SVC 子层，通过附加 PDU 指令类型 m_type、时序标识 m_invokeId、SVC 子层服务种类 m_svcId 等组成部分，PDU 子层将其封装为协议数据单元，上述指令被打包在 bacPduCodecI 接口之中向 SVC 层开放。

类似于 TCP/IP 协议的 TCP 与 UDP，BACnet 协议标准把 BACnet 服务划分为需要确认（Confirmed）的服务与无需确认（Unconfirmed）的服务。需要确认的服务提供面向连接、可靠的通信机制，无需确认的服务面向无连接，因而不能确保通信的可靠，但由于机制简单，节省系统资源，适用于不需要通信过程严格可靠的情形。对于需要确认的服务来讲，服务发起方在 PDU 子层发送了一个 PDU 以请求服务，则一定要等待服务应答方的确认（ACK）完成握手，否则超时，视为服务作废。

读属性、写属性、订阅定期报告 3 者属于需要确认的服务，因此，若服务发起方向 SVC 子层发送其中之一的服务请求，那么必须在 PDU 子层调用 sendCnfReq 命令来投递 PDU。服务应答方收到 PDU 之后回复两种确认：读属性服务的回复，包含读取到的参数，调用的是发送复杂确认（Send Comples Ack）命令；写属性、订阅定期报告的回复，除发送请求本身携带参数之外无须返回数据，所以调用的是发送简单确认（Send Simple Ack）命令。这样，无论确认是简单或复杂，整个服务都需要发起、应答双方配合完成，每一方控制着对方的处理状态，又同时被对方的状态所控制，从而保证 Client/Server 数据一致。

无需确认的服务主要是收发周期报告，采用提交后无需确认的原则，无需等待确认（ACK），仅靠双方交换信息实现同步。传感节点调用 SVC 子层的 sendPeriodicReport 命令发送周期报告，经 SVC 子层调用 PDU 子层的 sendUnCnfReq 命令，与 SVC 子层服务种类唯一对应的 svcId 被作为参数附加带入，并进一步转交传输层。路由簇头的 PDU 子层从传输层收到 UDP 包，依据其 UDP 包中载荷指向的数据结构的首个成员识别出无需确认的请求（recvUnCnfReq），并提交给 SVC 子层。SVC 子层依据其携带的 svcId，若 svcId 标记的是收发周期报告，即"svcId = = BAC_SVCID_PeriodReport"，那么触发 recvPeriodReport 事件，该事件实际上是向汇聚节点接力发送新的一个无需确认的请求（sendUnCnfReq），使得路由簇头起到了中继作用。

(4) TOSSIM 模拟与仿真

TOSSIM（TinyOS Simultor）是 TinyOS 自带的一个仿真工具，可以支持大规模的网络仿真。由于 TOSSIM 运行和传感器硬件相同的代码，所以仿真编译器能直接从 TinyOS 应用的组件表编译仿真程序。通过替换 TinyOS 下层部分硬件相关的组件，TOSSIM 把硬件中断换成离散仿真事件，由仿真器事件抛出的中断来驱动上层应用，其他的 TinyOS 组件特别是上层的应用组件都无须更改。TinyOS 把节点的硬件资源抽象成组件。通过将硬件中断转换成离散仿真事件，替换硬件资源组件，TOSSIM 模仿了硬件资源组件行为，为上层提供了与硬件相同的标准接口。硬件模拟为仿真物理环境提供了接入点，通过修改硬件模拟组件，可以为使用者提供各种性能的硬件环境，满足不同使用者的需求。

由于目前 TOSSIM 能够支持的模拟平台只有 Micaz，因此，在进行 BACnet 协议栈与 6LoWPAN 协议栈集成系统的功能调试时选择 Micaz 平台。Micaz 平台作为 TinyOS2.0 系统自带的无线信号处理组件，为 B-SS 设备提供底层无线信号收发功能。

使用者可以自行开发应用软件来监控 TOSSIM 仿真的执行过

程，两者通过 TCP/IP 通信。TOSSIM 为监控软件提供实时仿真数据，包括 TinyOS 源代码加入的 Debug 信息、各种数据包和传感器的采样值等，监控程序可以根据这些数据显示仿真的执行情况。同时，允许监控程序以命令调用的方式更改仿真程序的内部状态来控制仿真程序。TOSSIM 还提供了一个可视化的工具 TinyViz，它是基于 java 开发的，可以在 TinyViz 上方便地调节各种参数，如包类型、网络布局等。

1) TOSSIM 环境建立

TOSSIM 实际上是一个 TinyOS 库，它的核心代码在 tos/lib/tossim(如 C：\ cygwin \ opt \ tinyos-2. x \ tos \ lib \ tossim) 里面。每个 TinyOS 源代码目录有一个可选的 sim 子目录，里面含有 package 包的仿真实现。例如，tos/chips/atm128/timer/sim 里面就含有 Atmega 128 定时器抽象的 TOSSIM 实现。在 TinyOS 2.0 环境中，通过命令" $ make micaz sim"为所要测试的 BACnet 协议建立了模拟环境，执行结果如图 6-19 所示。

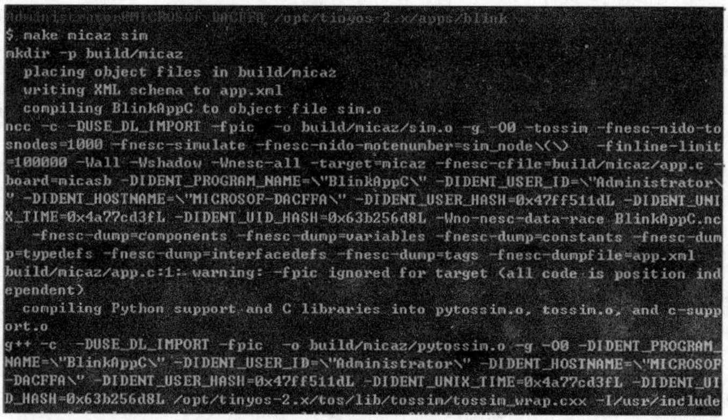

图 6-19　编译 TOSSIM 后的执行结果

TOSSIM 编译包含以下 5 个步骤：

①编写 XML 计划(Writing an XML Schema)。

TOSSIM 创建程序要做的第一件事情是使用 nesc-dump 创建一

个 XML 文件用来描述应用。除此之外，这个文件还描述每一个变量的名字和类型。

②编译 TinyOS 程序(Compiling the TinyOS Application)。

除了介绍所有的这些新的编译步骤，sim 选项改变了应用程序的包含路径。如果应用包括：-Ia-Ib-Ic，sim 选项就将列表转化为-Ia/sim-Ib/sim-Ic/sim-I%T/lib/tossim-Ia-Ib-Ic。

这就意味着任何系统特定的模拟器安装将被首先使用，紧随着是 TOSSIM 类的安装，然后是标准安装。Sim 选项同样给编译器传递一些参数。这一步骤的结果是产生了一个目标文件 sim. o 存在于平台的创建目录里面。目标文件有一系列的 C 函数，它们配置模拟器并且控制执行。

③编译编程接口(Compiling the Programming Interface)。

下一个步骤编译对 C++和 Python 程序接口的支持。Python 接口实际上是建立在 C++接口之上的。调用 Python 对象需要 C++目标文件，然后通过 C 接口调用 TOSSIM。TOSSIM 包括了 C++代码，pytossim. o 包含了对 Python 的支持。这些文件必须被单独编译，因为 C++和 nesC 互不兼容。

④构建共用对象(Building the Shared Object)。

创建一个包含 TOSSIM 代码，对 C++和 Python 的支持的共享库，如图 6-20 所示。

图 6-20　构建共用对象

⑤复制 Python 支持(Copying Python Support)。

最后，一些 Python 代码变成共享的文件被调用，这些代码存在于 C：\ cygwin \ opt \ tinyos-2. x \ tos \ lib \ tossim，编译程序将其复制到本地目录里面。复制成功后显示如图 6-21 所示。

2)BssC 组件

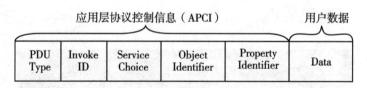

图 6-21　复制成功的显示

本模拟选用 BACnet 的 B-SS 设备作为实验对象，因此需要在 TinyOS 中重新定义 BssC 组件实现 BACnet 应用层功能、网络层及虚拟链路层功能。BssC 组件在整个系统中的主要功能体现在以下几个方面：首先，BssC 组件实现了对"读属性"服务中生成数据 APDU 的封装；其次，BssC 组件实现 BACnet 网络层中 NPDU 封装及路由功能；最后，根据 BACnet 协议标准规定，BssC 组件还要为 BACnet 协议栈之下的 6LoWPAN 协议定义一个虚拟链路层 BVLL。因为 BACnet 数据链路层包含多种不同的传输技术，BVLL 的主要功能就是为 BACnet 网络层提供一个通往具体数据链路层的接口，以简化 BACnet 网络层功能复杂度，提高协议栈的执行效率。

①APDU 数据结构。

APDU 由应用层协议控制信息 APCI（Applicaition Protocol Control Information）与使用者数据组成，对于 APCI，BACnet 协议标准把该部分又分为了固定字段与可选字段两大块，如图 6-22 所示。

		应用层协议控制信息（APCI）			用户数据
PDU Type	Invoke ID	Service Choice	Object Identifier	Property Identifier	Data

图 6-22　BssC 组件中 APDU 格式

APCI 由 PDU_Type、Invoke_ID、Service_Choice、Object_Identifier 和 Property_Identifier 5 部分组成。其中，PDU_Type、Invoke_ID 与 Service_Choice 这三个字段为 PDU 的固定字段，而 Object_Identifier 与 Property_Identifier 字段是为了实现相应功能而添加的两个可选字段。PDU_Type 字段指出了该 PDU 是属于需要确认的服务 BACnet_Comfirmed_Request_PDU 还是无需确认的服务

BACnet_Uncomfirmed_Request_PDU。

下面是应用层 APDU 在 BssP 模块中定义的数据结构：

typedef struct apdu｛

uint8_t　　PDU_Type；

uint8_t　　Invoke_ID；

uint8_t　　Service_Choice；

uint8_t　　Object_Identifier；

uint8_t　　Property_Identifier；

uint8_t　　Present_Value；

｝；

其中，Present_Value 值等于 Analog_Input_Object 对象中的 Present_Value 值，该值通过 BssRPfunC 组件调用 BssC 组件的 rpfunc 接口实现变量间的赋值。BssC 组件中应用层所生产的 APDU 大小为 6 个字节。

②NPDU 数据结构。

下面是网络层 NPDU 在 BssP 模块中定义的数据结构：

typedef struct npdu｛

　　uint8_t　　Version；

　　uint8_t　　Control；

　　uint16_t　　DNET；

　　struct　　apdu　　* data；

｝；

从 NPDU 结构中可以看出，网络层所生成的分组由 4 个部分组成，Version 字段、Control 字段与目的网络地址组成了分组的报头部分，也就是 NPCI 部分，分组数据由 APDU 构成。整个分组大小为 10 个字节。

③BPDU 数据结构。

BACnet 标准规定，链路层协议数据单元 BPDU 由 BVLC 与 NPDU 两部分组成。BVLC 是 BPDU 的报头，而 NPDU 则是 BPDU 所携带的上层数据。下面是 BPDU 在 BssP 模块中的数据结构：

typedef struct bpdu｛

```
    uint8_t        BVLC_Type;
    uint8_t        BVLC_Function;
    uint16_t       Length;
    struct   npdu    * data;
};
```

从结构中可以看出整个 BPDU 报头大小为 4 个字节，而 NPDU 的大小为 10 个字节，BPDU 最终的大小为 14 个字节，满足了 BACnet 协议栈所生成的数据单元应小于 33 个字节的要求。

④BVLL 功能实现。

在 BssP 模块中实现了 BACnet 虚拟链路层 VLL 的两个功能：一个是接收网络层的 NPDU，对该协议数据单元进行封装处理，形成虚拟链路层协议数据单元 BPDU；二是通过调用 udpclient 接口实现与底层 6LoWPAN 协议栈的互联。通过定义 en_bpdu 函数实现了上述 BACnet 虚拟链路层的两个功能，以下是 en_bpdu 在 BssP 模块中的实现代码：

```
int en_bpdu( npdu  * p){
  struct bpdu  * bvll;
  bvll  =( bpdu *) malloc( sizeof( bvll)) ;
  if( bvll){
    / * 生成 BPDU  */
    bvll -> BVLC_Type  = 0x82;
    bvll -> BVLC_Function = 0x03;
    bvll -> Length = 0x000A;
    bvll -> data  = p;
}
  else
  {
  return ERROR;
  }
/ * 调用 IPC 组件的 udpclient 接口，实现 BssP 模块与 IPP 模块
的互联。 */
```

```
call udpclient(5566，bvll)；
return OK；
}
```

函数 en_bpdu 通过指针参数 *p 实现对网络层 NPDU 的接收，并通过将指针参数 BVLL 传递给 udpclient 接口实现 6LoWPAN 协议栈对 BACnet 协议栈所生成的协议数据单元 BPDU 的接收，udpclinet 接口中的参数 5566 给出了 BACnet 协议所使用的端口号。在 Bssp 模块中，在 rpfunc. receive 接口通过调用函数 en_bpdu 实现 BACnet 虚拟链路层功能。

3）基于 TOSSIM 模拟测试

在建立好 TOSSIM 模拟环境并对应用程序编译无误之后便可以对应用程序进行功能测试，可选用 Python 接口作为 TOSSIM 中的交互式模拟测试工具，如图 6-23 所示。

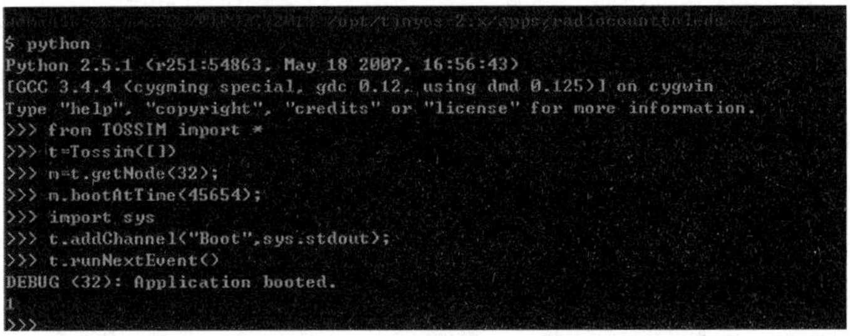

图 6-23　Python 与 TOSSIM 交互模拟测试

通过"#! /usr/bin/env python"语句进入本地 Python 执行环境中，通过运行关键字"python"可以知道本机所安装的 Python 版本，从图 6-23 中可以看出，Python 版本为 2.5.1。在利用 Python 接口对应用程序进行功能测试之前，先要通过语句"from TOSSIM import *"导入 TOSSIM，在成功导入 TOSSIM 之后，通过语句"Tossim（[]）"建立一个不带参数的 TOSSIM 对象，并把该 TOSSIM 对象赋值给"bss"。

整个 TOSSIM 模拟环境中，可以把 BACnet 协议定义为

6LoWPAN 协议所支持的一种应用，相当于是对 6LoWPAN 协议栈的应用层进行了实现。BACnet 协议栈与 6LoWPAN 协议栈之间通过虚拟链路层 VLL 实现与 6LoWPAN 协议的数据通信。6LoWPAN 协议在整个集成模型中提供网络层协议功能，要实现数据在 B-SS 设备间的无线传输使用 IEEE 802.15.4 通信协议即可。

下面对 BACnet 单节点 B-SS 设备进行 IPv6 无线连接测试，首先，通过语句"bss.getNode（1）"把编号为"1"的节点赋值给"bssNode"，其次调用"bssNode.bootAtTime（）"确定系统的开始运行时间。然后通过调试的手段来测试"BssRPfunC"组件与"BssC"组件的功能正确性。TOSSIM 中的调试信息能够通过隧道（channel）的形式输出到标准输出设备（如显示器等）。

为了使用 TOSSIM 中的隧道技术，必须先通过语句"import sys"导入 Python 系统工具包。通过语句"addChannel（"BssRPfunC"，sys.stdout）"、"addChannel（"BssP"，sys.stdout）"分别把组件"BssRPfunC"和"BssC"通过隧道的形式与系统标准输出设备相连接起来，这样可以使这两个组件中相应的调整信息通过隧道输出到显示器中，最后通过语句"bss.runNextEvent（）"开始执行应用程序。

应用程序在执行过程中，"BssRPfunC"组件首先对"Analog_Input_Object"对象与"读属性"服务进行了初始化。由于最开始"Analog_Input_Object"对象的"Present_Value"属性为初始值 NULL，当"读属性"服务检测到"Present_Value"值无效时向系统报错并调用"AdcReadClientC"组件采集数据，TOSSIM 随机返回一个值 0x1B 赋值给属性"Present_Value"。当"Present_Value"属性值有效时，"BssRPfunC"组件调用"BssP"模块提供的"rpfunc"接口，进入 BACnet 协议栈进行协议数据单元的分装处理。在"BssP"模块中分别通过函数"en_apdu"、"en_npdu"与"en_bpdu"对协议数据单元 APDU、NPDU 与 BVLL 进行封装操作。

当函数"en_apdu"按照 BssP 模块中的定义对 APDU 进行数据封装处理后，如果没有错误发生，那么就把生成的 APDU 通过隧道输出到显示。当函数 en_apdu 完成 APDU 封装后，调用函数"en_npdu"进行 NPDU 的封装处理，如果 en_npdu 在进行 NPDU 封装过程中未发生错误，则把封装好的 NPDU 通过隧道输出到显示。执行结果如图 6-24 所示。

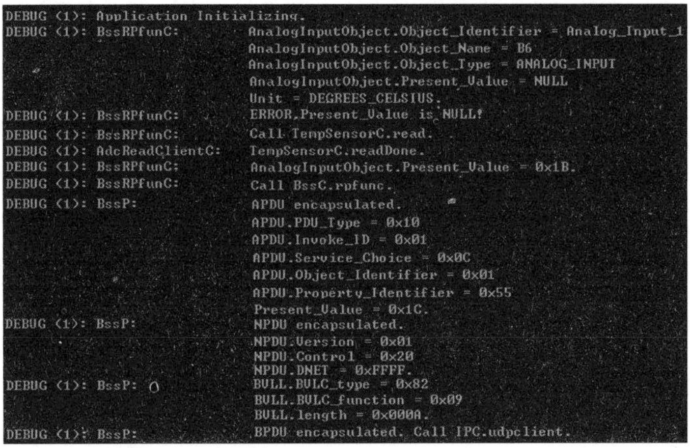

图 6-24　B-SS 单节点 BACnet 协议栈测试

从图 6-24 可以看出，BssP 模块中 en_npdu 函数所封装而成的 NPDU 结构与设计相符。BssP 模块中的"en_bpdu"实现了 BACnet 协议中的虚拟链路层功能，"en_bpdu"函数对 NPDU 进行了封装并最终调用了"IPC"组件的接口"udpclient"。BssP 模块功能符合与 BACnet 协议虚拟链路层的功能相符合。本节基于 TinyOS 2.0 所设计的 BACnet 协议组件与 6LoWPAN 协议组件实现集成，为 B-SS 设备与 IPv6 网络的无缝连接提供了一种可行的方法。

本 章 小 结

在各类嵌入式应用系统及其与因特网互联的开发和设计中，需要借助一些开发环境和开发平台，这样可以加快嵌入式开发的效率，缩短应用开发的时间，降低开发的成本，同时还有利于嵌入式应用系统的扩展。本章以无线传感网络系统和楼宇自动控制系统两个应用为例，介绍了嵌入式应用系统和无线嵌入式应用系统开发过

程中的基本规范和实现手段，特别是在与 IPv6 互联设计中的实现
方法进行了详细介绍。值得指出的是，本章仅给出了网络层的连通
示例，读者可以在此基础上，实现各种应用层的开发。

参 考 文 献

［1］Shelby Z，Bormann C.6LoWPAN：The Wireless Embedded Internet［M］. NY：John Wiley and Sons，2009.

［2］杨博雄，倪玉华，刘琨，等. 现代物联网体系架构中核心技术标准及其发展应用研究［J］. 物联网技术，2013(1)：71-76.

［3］Madanmohan Rao. Infinite Your Wireless［J］. Control Engineering ASIA，2011(1)：6-9.

［4］汪胜辉，刘波峰. 基于无线传感网络的空气质量监测站的设计［J］. 电子工程师，2007，33(7)：11-13.

［5］王平，王泉，王恒，等. 工业无线技术 ISA100.11a 的现状与发展［J］. 中国仪器仪表，2009(10)：59-63.

［6］胡新和，杨博雄，倪玉华. 面向服务的可扩展云处理物联网体系架构及其应用研究［J］. 计算机科学，2012(6)：223-225.

［7］胡新和，杨博雄. 一种开放式的泛在网络体系架构与标准化研究［J］. 信息技术与标准化，2012(8)：61-64.

［8］王平，刘其琛，王恒，等. 一种适用于 ISA100.11a 工业无线网络的通信调度方法［J］. 仪器仪表学报，2011(5)：20-24.

［9］方原柏.ISA100.11a 工业无线网络工程设计探讨［J］. 仪器仪表学报，2011(5)：20-24.

［10］胡新和，杨博雄.3G"盘活"教育资源［J］. 中国教育网络，2009(11)：65-67.

［11］冯冬芹，黄文君. 工业通信网络与系统集成［M］. 北京：清华大学出版社，2006.

［12］杨博雄，倪玉华，刘辊，等. 基于加权三角质心 RSSI 算法的 ZigBee 室内无线定位技术研究［J］. 传感器世界，2013(11)：

31-35

[13] ISA100 Committee. ISA-100. 11a-2011, Wireless Systems for Industrial Automation：Process Control and Related Applications [G]. http：//www. isa100wci. org/2011.

[14] IEEE Std 802. 15. 4-2006. Wireless Medium Access Control and Physical Layer Specifications for Low-Rate Wireless Personal Area Networks(LR-WPANs)[G]. 2006. http：//www. ieee. org/.

[15] Montenegro G, Kushalnagar N, Hui J, et al. RFC4944-Transmission of IPv6 Packets over IEEE 802. 15. 4 Networks[G]. 2007. http：//datatracker. ietf. org/ doc/rfc4944.

[16] 胡新和，杨博雄，等. 移动 IPv6 基本原理与关键技术[J]. 电信工程技术与标准化，2004(8)：31-33.

[17] 胡正钧. 江天生. 霍尼韦尔公司 OneWireless 工业无线方案：中石油西北销售公司西固油库工业无线解决方案[J]. 自动化博览，2010(6)：48-50.

[18] 胡伯琪. 工业无线(无线变送器)在镇海炼化 8 公里乙烯运输管线项目的应用[J]. 自动化博览，2009(7)：47-51.

[19] 胡新和，杨博雄. 基于 3G 网络与 GNSS 的多模态组合无线定位技术研究[J]. 船电技术，2011(10)：21-24.

[20] 霍尼韦尔过程控制部. OneWireless(R200)工业无线介绍[J]. 自动化博览，2010，9：52-53.

[21] Becker J. Ready for Wireless？[J] Becoming Wireless, 2008 (1)：4.

[22] 江天生. 霍尼韦尔公司针对工业无线应用的 OneWireless 解决方案[J]. 使用者期刊，2010(3)：6-9.

[23] Winter T. RFC6550 RPL：Routing Protocol for Low Power and Lossy Networks [S]. USA：Internet Engineering Task Force, 2012.

[24] 杨博雄，李红雷，等. 3G 移动通信系统的安全体系与防范策略[J]. 电信工程技术与标准化，2006(5)：18-20.

[25] Martocci J. RFC5867 Building Automation Routing Requirements in Low-power and Lossy Networks [S]. Internet Engineering Task

Force，2010.

[26] Levis P. The Trickle Algorithm Draft-ietf-roll-trickle-08 ［S］. Internet Engineering Task Force，2011.

[27] Thubert P. RFC6552 Objective Function Zero for the Routing Protocol for Low-power and Lossy Networks（RPL）［S］. Internet Engineering Task Force，2012.

[28] Vasseur J P. RFC6551 Routing Metrics Used for Path Calculation in Low-power and Lossy Networks［S］. Internet Engineering Task Force，2012.

[29] Karkazis P, Leligou H C, Sarakis L, et al. Design of Primary and Composite Routing Metrics for RPL-compliant Wireless Sensor Networks ［C］// Proceedings of 2012 International Conference on Telecommunications and Multimedia. Chania：TEMU，2012：13-18.

[30] ASHRAE. BACnet 楼宇自动控制网络数据通信协议［M］. 广州：广东经济出版社，2000.

[31] Stallings W. Wireless Communication and Networks［M］. 北京：清华大学出版社，2003.

[32] 方旭明，何蓉，等. 短距离无线与移动通信网络［M］. 北京：人民邮电出版社，2004.

[33] Gupta G, Younis M. Load-Balanced Clustering of Wireless Sensor Networks ［C］//Proceedings of the 2nd ACM international symposium on Mobile ad hoc networking & computing. 2003.

[34] ANSI/ASHRAE Standard 135-2001. BACnet：A Data Communication Protocol for Building Automation and Control Networks ［S］. ASHRAE. Atlanta. Georgia. USA. 2001：233-269.

[35] Bormann C. Draft-bormann-6LoWPAN-cbhc-00. txt. Context-based Header Compression for 6LoWPAN［S］. The 6LoWPAN Working Group. July 8，2008.

[36] D. Culler, G. Mulligan, JP. Vasseur. Draft-culler-6LoWPAN-architecture-00. txt. Architecture for IPv6 Communication over IEEE 802. 15. 4 Subnetworks Using 6LoWPAN ［S］. The

6LoWPAN Working Group. November 12, 2007.

[37] E. Kim, N. Chevrollier, D. Kaspar, JP. Vasseur. Draft-ekim-6LoWPAN-scenarios-03. Design and Application Spaces for 6LoWPANs [S]. The 6LoWPAN Working Group. July 14, 2008: 15-17.

[38] Matus Harvan. Connecting Wireless Sensor Networks to the Internet-a6LoWPAN Implementation for TinyOS 2.0 [D]. Bremen: Jacobs University, 2007.

[39] McInnes A I. Using CSP to Model and Analyze TinyOS Applications [J]. IEEE Computer Magazine, 2009, 34 (1): 79-88.

[40] Kucuk K, Kavak A. A Smart Antenna Module Using OMNeT++ for Wireless Sensor Network Simulation [J]. IEEE Computer Magazine, 2007, 11(2): 747-751.

[41] Mulligan G. The 6LoWPAN Architecture [J]. ACM Special Interest Group on Embedded Systems, 2007, 4(1): 78-80.

[42] Kushalnagar N, Montenegro G, Schumacher C. IPv6 over Low-Power Wireless Personal Area Networks(6LoWPANs): Overview, Assumptions, Problem Statement, and Goals[S]. The 6LoWPAN Working Group. August, 2007: 3-4.

[43] 杨轶雷, 王波. 关于 BACnet 的下层通信网络向 IPv6 扩展的分析[J]. 建筑智能化, 2007(3): 47-49.

[44] 向浩, 袁家斌. 基于 6LoWPAN 的 IPv6 无线传感网络[J]. 南京理工大学学报: 自然科学版, 2010, 34(1): 57-60.

[45] 孙燚. 6LoWPAN 无线传感网络与 BACnet 网络的集成技术研究[D]. 重庆: 重庆大学, 2009.

[46] 孔晓芳. 基于 TinyOS 无线传感网络节点的研究[D]. 天津: 南开大学, 2008.